中国 | 文化淮安

CULTURAL CITY
HUAI AN CHINA

《中国·文化淮安》编委会 主编

《中国建筑文化遗产》编辑部 承编

U0301447

天津大学出版社
TIANJIN UNIVERSITY PRESS

《中国·文化淮安》编委会

主编单位　《中国·文化淮安》编委会
承编单位　《中国建筑文化遗产》编辑部

编委会主任　刘永忠　曲福田
编委会副主任　王正喜　戚寿余　唐道伦　荀德麟
编委会委员　殷　强　汤正明　吉文海　张国兴　邵　明　张冬来
　　　　　　卢万友　纪从德　吉文桥　朱亚文　曹华富　杨　斌
　　　　　　张庆民　徐效文　李　倩　马庆伦　朱天鸣　李庆林
　　　　　　王亦农

本书主编　唐道伦
本书副主编　曹华富　杨　斌　金　磊
编　辑　刘立硕　秦华明　赵国春　林华东　朱广军　陈忠竹
　　　　叶江闽　陈　凯　潘　新　朱友光　金　虹　丁　健
　　　　侯品秀　徐科阳

执行编辑部
顾　问　高　志
执行主编　金　磊
执行副主编　韩振平　殷力欣　李　沉
执行编辑　金　磊　刘若梅　殷力欣　韩振平　贾　珺　潘　琳
　　　　　陈　鹤　李　沉　王宝林　苗　淼　陈　颖　赵　敏
　　　　　丘小雪　冯　娴　刘晓姗　郭　颖　李华东　王燕嵩
　　　　　刘　阳　安　毅　胡珊瑚　刘江峰　何　蕊　刘志平

建筑摄影　陈　鹤　于跃超　关晓伟　等
图片提供　淮安市文化广电新闻出版局　淮安市规划局
　　　　　淮安市摄影家协会　等
版式设计　安　毅

序

中共淮安市委书记　刘永忠

　　淮安地处江苏省北部，是国家历史文化名城、中国淮扬菜之乡、中国运河之都、国家卫生城市、国家园林城市、国家环保模范城市、中国优秀旅游城市、全国双拥模范城市、江苏省文明城市。现辖4县4区和一个国家级经济技术开发区，总面积近1.01万平方公里，总人口540多万。从文化视角解读淮安是一次有意义的尝试，因为它不仅根植于淮安丰富的历史文化积淀，更源自当代淮安人的文化自信以及对文化强市的追求。

　　淮安是一座独具魅力的历史古城。早在史前时期，古淮人就在这片土地上繁衍生息，创造了灿烂的下草湾文化和青莲岗文化。秦时置县，至今已有2200多年建制史，明清鼎盛时期与扬州、苏州、杭州并称为京杭大运河沿线的"四大都市"。

　　淮安是一座底蕴深厚的文化名城。历史上诞生过千古名将韩信、小说大家吴承恩、汉赋大家枚乘和枚皋、巾帼英雄梁红玉、民族英雄关天培等众多名人，产生了中国四大名著之一《西游记》、中医四大经典之一《温病条辨》、晚清四大谴责小说之一《老残游记》等众多杰作。全国四大传统名菜之一淮扬菜发源于此，现存淮扬名菜名点1300余种，新中国开国宴会选用的就是淮扬菜。

　　淮安是一座秀丽宜居的生态水城。水是这座城市的灵魂，千里淮河从这里奔涌出海，京杭大运河、里运河、古黄河、盐河、淮沭新河等五河穿城，洪泽湖及高邮湖、白马湖、宝应湖等四湖镶嵌，境内水域面积占整个市域面积的四分之一，被誉为"漂浮在水面上的城市"。淮安是一座快速崛起的工业新城。重点培育的特钢、IT、盐化工新材料、食品和节能环保五大千亿元主导产业初具规模，新医药、新材料、新能源、软件和服务外包四大新兴产业加快发展，台资集聚高地加速隆起，初步形成了具有淮安特色的工业体系。

"一方水土养一方人"。淮安的辉煌历史和近年来的快速发展首先得益于淮安的地域性文化特质——儒雅而务实、重商而不轻农，既有中国北方人的豪放热情，又不乏南方人的勤劳机智。总结和提炼淮安文化精髓，尤以三大特色文化著称。一是以周恩来精神为代表的亲民文化。淮安是一代伟人周恩来总理的故乡，周总理勤政为民、甘当人民公仆的风范感动了中国和世界。亲民爱民是周总理留给家乡的最宝贵精神财富，也是当前形成淮安和衷共济、干事创业氛围的重要文化之源。从历史上看，淮安不乏亲民爱民的官员，明清时的淮安府署便有一副对联："宽一分则民多受一分赐，取一文则官不值一文钱"，反映了封建社会淮安官员的爱民情怀；在革命战争年代，刘少奇、陈毅、邓子恢等老一辈无产阶级革命家爱民如子，在淮安大地留下了很多亲民为民佳话。淮海战役曾出现成千上万群众用小推车支援前线的动人场景，陈毅元帅总结淮海战役时曾说过："淮海战役的胜利是人民群众用小推车推出来的。"这充分反映了共产党人亲民为民宗旨得到了群众的拥护，是亲民文化在淮安的生动体现，与周总理亲民精神一脉相承。二是以《西游记》文化为背景的创新文化。淮安是《西游记》文化的发源地，出生于淮安的大作家吴承恩以大胆瑰丽的想象和魄力创作了不朽名著《西游记》，主要人物孙悟空突破束缚、敢作敢当、敢为人先的性格影响了一代又一代人。吴承恩之所以能创作出鸿篇巨制《西游记》，是因为淮安这片土地有创新创造的好传统。淮安人民不断推陈出新创造出的淮扬菜成为开国第一宴，独创了领先世界的治河治湖技术和理念，淮安人吴鞠通吸收中医之精华，融会贯通写出了中医四大医学名著之一《温病条辨》，独创了"淮医"流派。这些都体现了淮安人创新创造的智慧和勇气，是淮安创新文化的生动体现。三是以运河经

盱眙第一山

亚洲最大的水上立交枢纽

周恩来纪念馆鸟瞰

惠民工程进万家

济为基础的开放文化。淮安地处中国南北分界线，特殊的地理位置造就了淮安兼容南北、开明开放的城市特质。春秋时期邗沟的开凿，增加了淮安对外交流机会；唐宋时期，淮安是漕运要津，对外交流十分频繁，日本圆仁和尚在《入唐求法巡礼行记》中记述"日本国19次遣唐使有11次从楚州港出海归国"；明清鼎盛时期，淮安更是成为全国漕运指挥中心、漕船制造中心、漕粮转输中心、黄淮运河治理中心、淮北盐集散中心。南北文化的交融荟萃，造就了淮安人海纳百川、兼容并蓄、大气开放的性格特征。

文化的历史延续和基因传承在一个城市发展中具有特别重大的意义。城市因文化彰显而更具品质，文化因城市进步而更加繁荣。如果一个城市居民失去了文化记忆，那么这个城市发展也将会失去动力支撑。也正因为如此，我们大力倡导弘扬三大特色文化，努力构筑共同奋斗的思想基础。这次《中国建筑文化遗产》编辑部策划承编

建设中的生态新城

高楼林立的翔宇大道

全方位的立体交通

的《中国·文化淮安》一书，以淮安文化的源流与演进为轴，按过去、现在、未来的不同篇章展开，内容精练，意味隽永，既富有历史内涵，又体现时代特征，在挖掘归纳淮安城市文化内涵的同时，高度概括了淮安城市的重要品质。这本书对于淮安文化的传播与推广，进而对于淮安城市品质的提升必将产生积极而深远的影响。希望更多的人通过这本书更好地了解淮安、熟悉淮安、走进淮安，进而参与淮安的建设与发展，与淮安人民携手共创更加美好的明天。在这里，我代表市委、市政府和540万淮安人民，感谢《中国建筑文化遗产》编辑部能够走进淮安，通过多维视角展示淮安这座"处处是风景"的魅力之城。

是为序。

中共淮安市委书记 刘永忠

2012年7月

淮安府署庭院——"公生明"牌坊

明祖陵甬道——石相生

洪泽掠影

中国淮扬菜文化博物馆

淮安大桥

淮安市区位图

古城墙遗址公园（摄影／葛华）

目录 | CONTNETS

121 中篇——文化传承与繁荣

文化是城市的灵魂，城市是文化的表现。有着千年文明历史的古城淮安，在繁荣经济、提升发展、建设家园的同时也投身当代城市化发展。特别是在充分挖掘历史文化资源、建设有个性的城市文化形象、开展丰富多彩的公众文化活动等方面，已成为普惠民生一系列文化的"亮点"工程。如今，繁荣文化产业、培育有竞争力的文化产品、展现城市极具特色的魅力形象，更使历史名城淮安伴随着现代化建设的步伐，向海内外释放出无穷的文化魅力。

217 下篇——文化创意与未来

经济决定地位，文化决定未来。人们对城市发展的认识已经不再局限于历史、资源、经济总量等传统指标，而是基于城市竞争力基础上多层面的认知和评价，如城市文化软实力、城市品牌建设等内容。文化铸就城市的灵魂，文化铸就城市的品质，文化引领淮安城市建设的一个个新跨越。从封闭走向开放，从内河走向海洋，从发展走向繁荣，从现在走向未来。相信新的文化"淮军"将以自己的文化软实力展现给世界一个创意与希望之城。

周恩来纪念馆鸟瞰

绪 论

江苏省淮安市，于 2001 年由原淮阴市更名而来，位于苏北平原腹地，京杭大运河与古淮河交汇处。淮安市现辖清河区、清浦区、淮阴区（原淮阴县）、淮安区（原县级淮安市、淮安市楚州区）等四区和金湖、盱眙、涟水、洪泽等四县和一个国家级经济技术开发区，总面积近 1.01 万平方公里，总人口 540 多万，其中市区面积 3 218 平方公里，市区人口 246 万。

历史悠久的淮安，在春秋战国时先后属吴、越、楚等国。秦统一后建淮阴县。楚汉之际，属楚国东阳郡。汉高祖五年（前 202 年），封韩信为楚王，属楚王国。旋贬韩信为淮阴侯。十一年，改淮阴侯国为县。元狩六年（前 117 年），置临淮郡，今淮安市域分属临淮郡、东海郡。东汉建武十五年（39 年），封皇子刘荆为山阳公（治白马湖北），山阳之名始见。东晋义熙七年（411 年），广陵、临淮二郡改为临淮、广陵、山阳等五郡，山阳郡治所在山阳县。南齐永明七年（489 年），割山阳官渎（邗沟）以西 300 户置寿张县，割直渎（盱眙禹王河）、破釜塘以东淮阴镇下流杂 100 户置淮安县，淮安之名始见。隋开皇三年（583 年），置楚州，治淮阴。十二年，移楚州治山阳县，州旋废。大业（605-617 年）初，去淮阴县入山阳县，不久复置。唐武德四年（621 年），置东楚州，治山阳县。八年，裁西楚州，东楚州改称楚州，仍治山阳县。南宋绍定元年（1228 年）升楚州为淮安军，改山阳县为淮安县，端平元年（1234 年）改淮安军为淮安州。元至元十三年（1276 年），设淮东安抚司于山阳。次年，改为淮东总管府，旋改总管府为淮安府路，并淮安、新城、淮阴 3 县入山阳县。至正二十六年（1366 年），朱元璋置淮安府，治山阳，辖二州九县。清雍正九年（1731

《松屋读书图》（局部）

汉代文学家枚乘故里

年）以后辖六县。民国元年(1912年）,淮安府裁撤,市境多属淮扬道。1927年后,属第六行政督察专员区。抗日战争时期分属苏中、苏北、淮南、淮北四个战略区。1945年11月在清江市成立苏皖边区城府,清江市为直辖市,市域分属第三、第五、第六、第七区行政专员区。1948年12月,淮城等二次解放,与清江市合组成立两淮市。中华人民共和国成立后,市域多属淮阴专区,清江市属地辖市。1983年3月,撤淮阴专区,成立省辖淮阴市,辖2区11县。1996年,淮阴市分为宿迁市与淮阴市。2001年2月,淮阴市更名为淮安市,辖清河、清浦、淮阴、楚州四区,涟水、洪泽、盱眙、金湖四县。2012年,楚州区更名为淮安区。

淮安拥有约2 500多年的城市历史,并有着距今6 000~7 000年的古人类生活遗迹。她地处淮河之滨,是中国南北方气候的分界线(秦岭—淮河),更因举世闻名的贯通中国南北的京杭大运河在此与淮河形成十字交汇,成为南北方举足轻重的交通枢纽和工商重镇,也成为中国南北方文化的交汇之地。自古以来,淮安因其地理位置之重要,每每成为兵家必争之地,数不清的历史事件在此发生,一次次地影响着中国的历史进程:吴王夫差为图霸业,曾筑邗沟(大运河的前身),沟通江淮;两汉时期,今淮安一带即以盐运富甲一方;隋唐盛世,随大运河之贯通南北,一举成为南船北马交汇之地;至清代康乾盛世,淮安仍以漕运枢纽名重天下,与扬州、苏州、杭州并称为运河沿线"四大都市",享有"壮丽东南第一州"之誉,境内众多的古迹、遗址,历来有"淮阴八景"、"洪泽十景"等名胜闻名遐迩,记录着淮安所属各地的辉煌历史。

中国南北方气候分界线地标

25

一、淮安的历史地理特色——"丰"字联想

长期以来有这样一种说法：中国历史上最伟大的两项人工工程分别是万里长城和京杭大运河——长城横亘东西，宛如一撇；运河纵贯南北，好似一捺，于是在华夏版图上写出一个大大的"人"字。如果仔细琢磨一下中国东部地图，可以发现另外一个有趣的汉字——大运河与黄河、淮河、长江三条大河共同组成了一个"丰"字——三条天然河流相当于三横，大运河相当于一竖，北端是北京，南端是杭州，淮安正好处于中央位置，堪称全国水路交通网的核心。

当然，这个"丰"字只是一种抽象的符号，实际上除了黄河、淮河、长江之外，大运河还沟通了北方的海河和南方的钱塘江，沿途穿越很多湖泊和其他次要河流，而且运河、黄河和淮河的流线都发生过很大的变化，因此整个水系的情况要比一个单纯的"丰"字复杂得多。

大运河的历史始于春秋时期，吴王夫差所开邗沟率先在淮河和长江之间画了半竖；隋代以大运河连通江南与中原，隋炀帝改古邗沟为山阳渎，新开通济渠直抵洛阳，又开永济渠通向涿郡（今北京南），还疏通江南运河连接余杭（今浙江杭州），这个"丰"字写得歪歪斜斜，却奠定了全世界最伟大的水网工程，也带来了唐代的盛世。北宋时期运河北端至开封为止，"丰"字的上部不再出头。

元代疏浚会通河和通惠河，改大运河为直线，成为连通南北的大动脉，"丰"字基本定型。但是南宋至晚清的几百年间，黄河沿古泗水河道南下，夺淮河下游故道入海，既造成了巨大的水患，又导致"丰"字有所变异。咸丰年间黄河再次改道，运河局部淤塞，"丰"字变得残缺模糊，失去了昔日的辉煌。

无论自然与历史如何变化，"丰"字仍然能较好地概括大运河与相关水系最基本的形态格局，同时也深刻地反映了淮安这座文化名城的三大历史特色。

首先，淮安位于大运河与淮河的交汇之处，通过这"三横一竖"以及其他水路沟通东西南北，九省通衢，

淮安市域城镇体系规划模型

清代淮安府署

千帆万艘云集，由此成为全国水运枢纽和漕运管理中心，唐宋时期已经跻身于名城大邑之列，明清两代在此设漕运总督和盐政管理机构，官署林立，市肆繁华，仓储、榷关、船厂、驿站连绵相望，寺观、祠庙、宅第、园林鳞次栉比，呈现出深厚的历史积淀，是名副其实的"运河之都"。现存漕运总督署遗址、镇淮楼、淮安府署、河下古镇、文通塔、清江浦楼等诸多遗迹，均为昔日漕运鼎盛、城市繁华的重要佐证，也是大运河申请列入世界文化遗产项目的核心组成部分。

其次，因为黄淮水患严重，淮安又成为河道治理中心，境内的清口作为黄、淮、运三河汇聚之地，尤为显要，极受朝野关注，在中国水利史上具有举足轻重的地位。历代政府投入巨大的人力、物力，在淮安地区修筑大量的堤、坝、堰、闸等河防工程，如高家堰、清江大闸、码头三闸、王家营减水坝等。这些是古人智慧的宝贵结晶，科学价值极高，

也进一步显示了淮安的重要性。此外如清晏园、惠济祠等遗迹，也均为明清治水事业的相关印记，堪称古代园林和祠庙建筑中不可替代的典型实例。现代淮河水利工程续写了新的治水篇章，而南水北调工程的东线方案更利用大运河旧道，从南至北串联长江、淮河、黄河，重新书写"丰"字，并赋予新的时代内涵，淮安再度成为其中的一个关键点。

其三，淮河为中国南北分界线，在军事、文化领域具有重要的历史意义。作为国家级历史文化名城的淮安古城扼守淮河南岸，自古就是兵家必争之地，城池坚固，元明清三代通过不断增修，形成旧城、联城、新城三城相连的独特格局；盱眙、涟水两县城与清江浦、河下、码头等古城镇，还有被洪水吞没的"东方庞贝"泗州古城遗址，均为古代城镇规划建设的杰作。淮安依托淮河流域孕育出悠远而灿烂的本土文化，又受到南方的吴越文化、北方的齐鲁文化与燕赵文化、西面的中原文化与徽州文化浸染，兼

淮安府署院落 局部

绩奏安澜

赐
总
河
高
斌

乾隆五年二月二十五日

清河道总督题刻

容并包，博大精深。

自古以来，淮安地区名士豪杰辈出，代有英贤，不愧人杰地灵之誉，如汉代的韩信、枚乘，魏晋南北朝时期的陈琳、步骘、鲍照，唐代的赵嘏，宋代的梁红玉，明代的吴承恩、沈坤，清代的阎若璩、吴鞠通、边寿民、关天培、左宝贵、刘鹗，近代的周恩来、周信芳、罗振玉、郎静山、周作民等，在军事、政治、文学、艺术等多方面取得巨大成就，数量众多，在全国乃至全世界范围内产生了巨大的影响，足以令其他地区艳羡惊叹。除了生于斯、长于斯的名人之外，历史上还有很多名人曾经在淮安地区做官、寓居，与淮安结下了深厚的缘分，如宋代的米芾、元末的施耐庵等。这些名人是淮安的骄傲，他们的丰功伟绩永远值得后人景仰，以韩侯钓台、漂母墓、古枚里、米公洗墨池、梁红玉祠、明祖陵、关忠节公祠为代表的亭台、墓葬、祠庙建筑与吴承恩故居、周恩来故居等名人故居，共同构成了淮安名人纪念建筑遗产的庞大阵容，是一笔极为宝贵的财富。

淮安是文学艺术昌盛之乡，先辈在诗词、小说等文学领域取得了卓越的成就，枚乘、枚皋父子的汉赋，建安七子之一陈琳的文章，唐代诗人赵嘏的诗，明代大文豪吴承恩的小说《西游记》，清代女作家邱心如的弹词《笔生花》，除此之外还有大量的诗文作品传世，仅府志、县志中《艺文志》所载就已经非常可观。同时淮安在书画方面具有深厚的传统积淀，名家名作不断涌现；戏曲艺术方面也有很高的水准，京剧与淮剧、淮海戏等地方戏种都曾经鼎盛一时。淮安又是淮扬菜的诞生地，饮食文化源远流长，烹饪水平出神入化；当地的民俗文化和宗教文化也有较大的特色。以上内容大多属于非物质文化遗产的范畴，具有很高的研究价值。

凡此三点，皆可由"丰"字呈现。我们有理由期盼淮安能够更好地保护和传承历史文化，抓住机遇，迎接挑战，科学发展，真正让更多的海内外朋友知晓，是中华大地上一片富饶的乐土。

淮安新城之万达广场

二、淮安的文化构成与文化特质

正所谓一方水土养一方人。纵观淮安两千多年的发展历程，首先得益于独特的地域性文化特质：儒雅而务实，重商而不轻农，既有北方人之豪放、热情，又不乏南方人之勤劳、机智。这种地域性鲜明的文化包含着三个重要的传统基本要素：以儒学为主干，释、道等多重元素包容互补的传统士大夫文化；既强调人为因素，又注重人与自然和谐相处的农工商并举的运河文化；在行政管理理念上，强调朱熹式"驭吏以严、待士以礼、临民以宽"的亲民文化。

这种文化特质，表现在农业上，是农桑渔业的统筹安排、综合利用；表现在工商业上，则借淮运之便利，精心运作、大度待人、诚信为本、互利互惠；而在教育上，则以儒学为本，博采释道，并与时俱进，在近代形成中西合璧的崭新学风……仅以名扬天下的"淮扬菜"为例，即可见其精细选材而物尽其用的智慧，于尽善尽美中坚守绝不暴殄天物的原则。

这种典雅、豁达、刚柔相济的地方性文化特质，也表现在城市建设和建筑组群布局上，形成了淮安独有的城市面貌和建筑艺术特色。以城市整体格局而言，古代淮阴城、淮安城与江南苏州城相类似，充分利用水运资源，形成水陆交通并举的城市格局，在单体建筑上，则无论官衙、寺观还是普通民居，构造精巧中不失北方民居的质朴，而在园林方面，不同于苏州私家园林之崇尚自然，淮安的园林则更强调"人定胜天"的特有人文理念。

北部农业休闲旅游区

淮安
历史文化旅游区

洪泽湖风光旅游带

盱眙山水名胜旅游区

苏北水乡生态旅游带

淮安市旅游总体规划（2009-2030年）

三、现代淮安的文化理念

淮安于清中叶后，曾随国事羸弱、漕运势衰而一度陷入低谷。然而，也自1840年以来，以关天培、左宝贵、周恩来等为杰出代表，淮安人民与全国人民共赴国难，以特有的坚忍不拔，先后在鸦片战争、甲午战争、辛亥革命、抗日战争、解放战争中浴血奋战，为中华民族之复兴立下了彪炳青史的殊勋。新中国成立后，特别在改革开放的新时期，淮安人抓住机遇、开拓进取，赢得了超越前代的繁荣昌盛。淮安人正在打造一个富庶、美丽、幸福的新淮安。

今日淮安给人们留下的不仅仅是一些文化遗产地，不仅仅是一些文化事件与名人"故事"，也绝不仅仅是那些藏在浓郁树荫中的青砖小巷风华绝代的建筑，而是一种由于文化积淀凝聚起来的精神、源自公众的文化自觉、源自管理者们"文化强市"理念及政策下的文化推动。中共淮安市委书记刘永忠强调并归纳出"三大文化"理念，即以周恩来精神为代表的"亲民文化"，以运河之都为代表的"开放文化"，以及以弘扬《西游记》创意之思为代表的"创新文化"。淮安展开了"文化强市"的姿态，在收获历史瑰宝中，不忘传承文化精髓，并使之贯穿城市化建设的全过程。

文化淮安城市化建设的"顶层设计"就是建设淮安的未来蓝图。

2009年9月19日，淮安市人大常委会审查通过《关于淮安市城市总体规划（2008—2030）的决议》；2011年7月31日江苏省人民政府正式批复并提出了11条意见，其中特别强调了重视城市特色塑造的大方向。这无疑为淮安加快现代化进程，尊重重视并继承发扬文化传统，留住淮安文化特质之根提供前瞻性的建设方针。如在《总规》第三章、第九章共计有23条论及历史文化名城与建筑遗产保护问题，内容十分准确而深刻，不仅传播淮安历史文化名城的丰富建设经验，更为全国同行提供传统与现代成功发展的城市化示范"样本"。

《总规》最可贵的是不仅突出了规划原则、规划目标，还有极为细化的保护内容，既强调了保护历史真实载体和历史环境，又强调了文化的传承及永续利用，使文化淮安的内涵呈现出先进、高尚、智慧、优秀的品质与追求，其

规划思想不仅契合了国家文化复兴大格局的转折点，更拓展了淮安城市文化在现当代的新崛起。依据《总规》，淮安市以"东扩南连、三城融合、五区联动"为动力，以经营城市为载体，通过经典规划、精致建设、精细管理建设淮安生态新城。如今的生态新城建设者遵循市场化运作规律，按照坚持低碳生态发展理念，紧紧围绕国家低碳城市示范区创建要求，正全力有序推进各项建设，努力将生态新城打造成一座倡导低碳经济的生态之城，一座促进持续发展的活力之城，一座引领健康生活的宜居之城，一座实现和谐共生的幸福之城。

生态新城是淮安特大城市的主体功能区、特色城市化的展示区、创建生态市的核心区和城市经营向经营城市转变的试验区。她的建设必将为中心城市内生动力和辐射能力的增强、建成长三角北部地区特大城市、建成国家生态城市发挥重大作用。具体讲，淮安生态新城规划设计已呈现如下"亮点"。

在区域位置上。淮安生态新城北依主城区，南接楚州古城，处于城市几何中心位置，具体范围为新长铁路、宁连一级公路、经一路及延长线围合区域，总规划范围29.8平方公里。新城规划面积28.9m^2，人口规模30万，绿化水面比例51%，生态新城建设选择在主城和古城之间，体现五个"有利于"即有利于三城融合（即主城、古城和生态新城的融合），有利于文化的融合（即地方文化的融合和彰显），有利于组团相间、生态相连、景观特色的营造，有利于淮安区经济的振兴，有利于清浦区城乡统筹发展。

在概念性规划上。淮安生态新城坚持经典规划，走"大家规划、名家设计、富家开发"之路，努力做到"品质上乘，建筑独创，环境优美，配套齐全"。从而体现了长三角北部现代服务业中心，淮安中心城市行政、文化、体育中心，具有水乡特征和生态、低碳示范作用兼得的宜居新城的功能定位；确定了"两轴三片、多核发展、引河织网、城水共生"的规划结构。

淮安将坚持生态新城打造成低碳示范区，在建成一座生态、低碳、活力、宜居、和谐新城的同时，践行着中国城市可持续发展的最新理念。

清代淮安府署遗存日晷

上篇——文化遗产与演进

淮安扼守南北分界线，京杭大运河和古淮河在此交汇，南宋以后，黄河于此夺淮入海，境内有中国第四大淡水湖洪泽湖以及大量河湖。这里，水资源充沛，有利于农耕，同时又水患频发，在治理水灾的过程中产生了因势利导、变害为利的智慧。淮安凭水而生，淮安经历着水文明的昌盛与演变。

第一章　凭水而生：淮楚文化溯源

依据考古工作者对远古人类遗迹的考察发掘，淮安地区自新石器时代即有人类活动的踪迹，如青莲岗遗址、范家岗遗址。这里的文化体系，与中原黄河流域的其他原始遗址（如山东大汶口遗址）相比较，有着极其相近的文化特征。而涉及商周时期的多处遗址——磨脐墩遗址、祖窑遗址、龙王墩遗址、三里墩遗址、宋墩遗址等的发掘，则见证了淮安地区的先民们由蒙昧走向文明，并使早期城市建设初具规模的漫长历程。

1. 青莲岗遗址

位于淮安区宋集乡青莲村，向北4公里临废黄河。该遗址总面积约4平方公里。中心地带又名东岗，原地势较高，面积70 000平方米，后因历年挖黑土积肥，高墩变成黑土塘。考古发掘探明地面向下2米为洪水冲积的黄褐色淤土，再向下有2米左右的文化层，距今约6 000～7 000年。出土石器有穿孔石斧、石锛、石凿、砺石等；陶器有红陶钵、鼎、釜、双鼻小口罐等；另有

淮安清浦今貌

古城晨曦

青莲岗遗址

址高于四周，由大小两个土墩组成，呈南北方向排列，总面积约 1.2 万平方米，文化层厚 1.2 米。陶片密布，以红陶为主，亦有少量灰陶和黑皮陶，可辨器形有鼎、鬶、壶、瓮等，纹饰有绳纹、堆纹、指纹、折线纹、弦纹等。遗址北部距地表 4.2 米处曾发现木结构建筑物，从剖面看似船的中舱，从中出土一批黑皮陶器，胎薄，有光泽。该遗址有大汶口晚期文化和龙山文化特点。

两处红烧土居住建筑遗迹。青莲岗文化的发现，使得东南沿海地区的原始文化，同中原黄河流域的诸原始文化在地域上连成一片，形成了我国新石器时代文化的完整体系。

2. 范家岗遗址

位于盱眙县维桥乡车棚村车西组西 400 米处。遗

范家岗遗址出土的黑皮陶罐

古运河今貌

3. 磨脐墩遗址

位于金湖县官塘乡小集村东南约 500 米。遗址地形起伏，有相邻两个丘墩。东为大墩，高 7 米，周长 300 米。西为小墩，高 2 米，周长 150 米。两墩相连，总面积 1.6 万平方米。经考古发掘证明，该遗址的延续时间较长且文化内涵丰富。大墩文化层厚约 2.5 米，小墩文化层厚约 1.5 米，已出土大量的红陶、灰陶、黑皮陶片，纹饰有绳纹、堆纹、几何纹，能够辨认的有鼎、罐、钵、瓮等器物。该遗址为一处重要的商代文化遗存。

4. 龙王墩遗址

位于盱眙县黄花塘镇龙王墩村龙王组，距县城 40 公里，为商周时期遗址。遗址原建有一座龙王庙，文革中被拆除，现墩上龙王庙为 1990 年所建。遗址所有土地为龙王庙僧人耕种，保存现状较好。整个遗址高于四周地面，呈漫坡状，最高处约 6 米，占地面积 1.3 万平方米。文化层厚约 1.5 米，遗址中陶片密集，有红陶、灰陶和少量的黑皮陶。陶片可辨的器物有鬲、鼎、壶、罐、钵等，陶片饰有绳纹、篮纹、弦纹、直线纹等。墩上分布古墓数座。

这些远古遗迹中，已经显露了淮安人民对水资源的利用与治理，以及城市建设的雏形。

磨脐墩遗址

龙王墩遗址出土文物

第二章 缘水而兴：运河历史之都

● 兴衰更替

1. 春秋至元代

春秋时期，吴王夫差开辟邗沟以沟通江淮，在淮安境内的末口进入淮河，从此淮安即与大运河结下不解之缘。位于淮水、泗水交汇处的淮阴故城、泗口镇和淮河、邗沟交汇处的北辰镇先后兴起，奠定了后世"运河之都"的最初雏形。

现存淮安古城的始建年代不晚于东晋义熙七年（411年），时为山阳郡，在南北政权对峙时期具有举足轻重的军事地位。其后变置不一，隋初曾改山阳郡为淮阴郡，又改山阳县，并在此设楚州治所；隋炀帝在淮河南北分别开凿山阳渎和通济渠，连通长江流域和中原地区，位于山阳渎入淮口的楚州跻身于运河沿岸重要城市之列，沿河的泗州、淮阴、泗口、龟山、盱眙等城镇随之取得很大的发展。

唐、五代、北宋时期，楚州长期保持繁荣，海内外客商云集，有"淮水东南第一州"的美誉。淮阴故城依旧兴盛，与楚州城并峙，二者之间还出现了韩信城、八里庄、磨盘口等重要城镇，公元7世纪至12世纪初的几百年间形成了"运河之都"的第一次盛期。

南宋时期楚州处于宋金交战的前线，受到黄淮水灾和战火的较大破坏，经济衰落，但仍为军事要塞，守将和知州多次对城池进行修筑加固，被誉为"银铸城"，

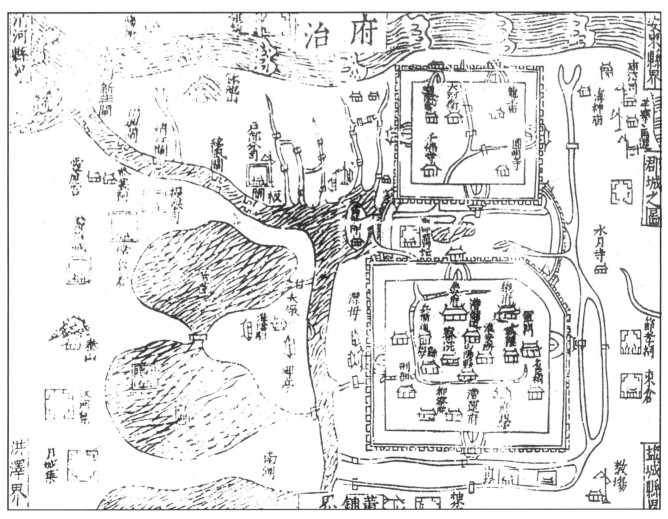

明代万历年间淮安府城图

41

端平元年（1234年）更名淮安州。

元代设淮安路总管府，辖区颇广。在前朝基础上开辟京杭大运河，沟通南北，沿岸城市迅速发展，淮安亦被视为运河名城，《马可·波罗行记》专门有所提及。元代漕运以海路为主，对运河的重视程度尚不及明清，虽曾在淮安府设漕运司，但职位并不高。

元朝末年，淮安地区再度遭受重大战乱，生灵涂炭，城阙荒芜。张士诚起义军一度占领淮安，其部将史文炳在旧城北侧相距一里处建造了一座新城。

2. 明代

至正二十六年（1366年）四月，朱元璋的军队攻取淮安，依托新旧二城设淮安府城，兼作山阳县治。明代的淮安府统辖山阳、盐城、清河、桃源、安东、沭阳、赣榆、宿迁、睢宁九县和海州、邳州二州，辖区范围比今天的淮安市要大得多。府城的新旧二城均得以重修并以砖包砌，固若金汤。

明代漕运主要依赖运河，淮安的重要性日益凸显。位于淮河以南的京杭大运河河道经淮安府城外侧北入淮河，因为水位高差明显，航船在此需要盘坝过河，越过新城东北的仁、义二坝和西北的礼、智、信三坝，十分不便。永乐十三年（1415年）漕运总兵官陈瑄在淮安府城西侧开凿清江浦运河，设4道水闸控制水位，船只由此可以直接入淮河，经清口北上，极大地改善了航运条件，促进了淮安地区的繁华。从宣德初年开始，漕运总兵官长期驻节于淮安府城，淮安成为名副其实的漕运行政中心。景泰元年（1450年），朝廷令大臣王竑与都督金事徐恭总督漕运，治理通州至徐州的运河，次年（1451年）正式委任王竑为漕运总督，与漕运总兵官同时驻守淮安，进一步加强了淮安漕运枢纽城市的地位。从15世纪初至19世纪中叶的400多年是淮安地区城市发展的第二次盛期，完全建立了运河之都的显赫地位。

嘉靖三十九年（1560年）倭寇犯境，为了强化府城防御，漕运总督章焕在府城新、旧二城之间空地的东西两侧加建城墙，称"联城"，俗称"夹城"，从而将新旧城连为一体，形成三城南北纵连的新格局，被《天启淮安府志》称赞为"三城鼎峙，千里环封"。三城之中，旧城是主城，街巷众多，大体为棋盘式格局，其中设置了绝大多数的公署、民居，而新城中也有较多的民居，联城主要承担军事防御功能，实际上只是新旧两城的连接体和过渡地带。这种格局被清代全盘继承，至今其痕迹仍清晰可辨。

自南宋以来，黄河侵占古泗水河道南下，夺淮河下游故道入海，导致淮安地区水患极为严重。淮安府清河县（今淮安市淮阴区）境内的清口地区成为淮、黄河、运河三河交汇之地，水势复杂，南来北往的船只均需在此过闸转运。明代以此为漕运贯通和河道治理最关键的位置，使得淮安在河道治理方面的地位日益突出。

从淮安府城至清口之间的运河两岸分布着大量的集市、作坊、坝闸、榷关、仓储、船厂，均与漕运有关。沿途西湖嘴（河下）、清江浦两大集镇因为其便利的水陆交通条件而发展成商业大镇，人流、物流齐聚于此，足以媲美江南名镇。

3. 清代

明清鼎革之际，淮安地区没有发生大的战事，得以免遭破坏。清代雍正以后淮安府辖区大为缩减，仅辖山阳、盐城、清河、桃源、安东、阜宁六县之境，但仍为漕运管理中心。雍正年间正式在清江浦设江南河道总督署，淮安继漕运中心之后，又正式成为全国最重要的河道治理中心，从府城至清口的50里运河之间分布着河下、河北、板闸、钵池、清江浦、王家营、西坝、韩城、杨庄、码头、清口等十余个大镇，形成一条以淮安府城为龙头的城镇带，俨然省会都市区。

清代淮安府旧城在延续了明代城市建设成果的基础上有所增色，于乾隆年间达到鼎盛的境地。但新城和联城居民不断减少，城防设施也日渐颓败。乾隆二十六年（1761年）清河县治迁移到清江浦，此处的繁华同样达到顶峰。另外明代中叶之后，北上的旅客经常在清江浦舍舟登岸，渡过黄河后，在北岸的王家营换乘车马；而南下的旅客恰好相反，在王家营离开车马，渡黄河后在清江浦登船，由此形成"南船北马"的特殊交通方式，

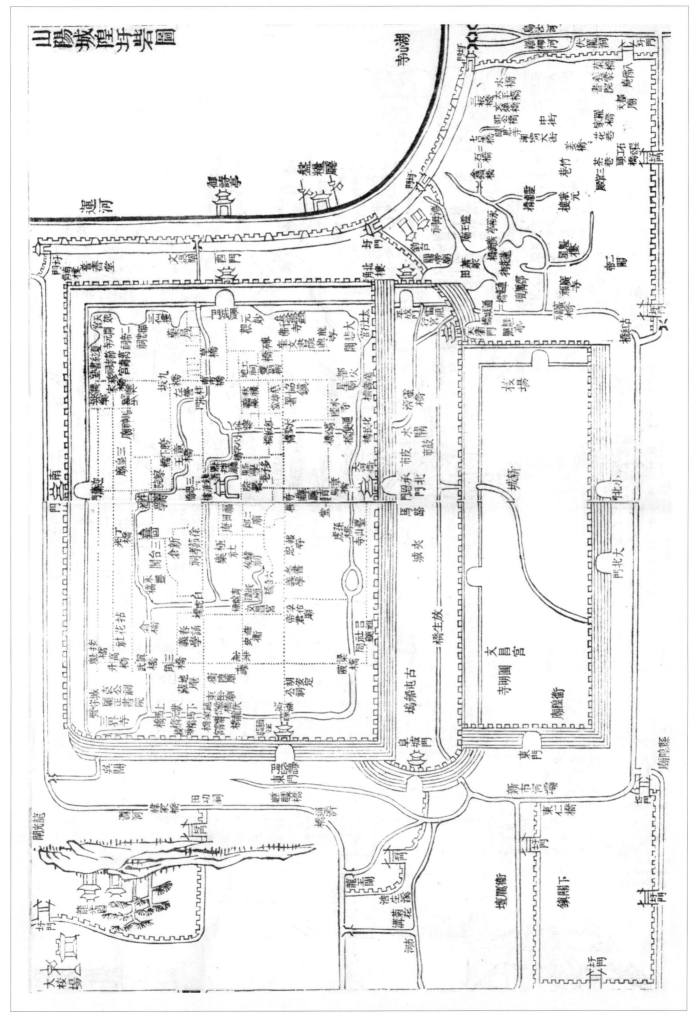

清代同治年间淮安府城图

清江浦更加繁荣，王家营也曾盛极一时，镇上修建了大量的旅店、饭馆、车马行和粮栈。

晚清时期运河漕运废止，黄河改道，淮安府城失去了漕运中心和河道中心的地位，同时也没有得到近代成功转型的机会，逐渐衰落，失去了往昔的荣光。咸丰十年（1860 年）捻军攻入淮安地区，在清江浦和河下等地破坏极为严重。同治年间漕运总督吴棠在清江浦建造城墙，以抵御农民起义军的再次进攻。

4. 近现代

民国时期以原清江浦（清河县城）为主城区和行政中心所在地，更名淮阴县，整个地区屡遭战乱、天灾，更趋残破。

新中国成立后淮安地区的城市建设有所发展，可惜城墙被拆，很多古建也相继废毁，但河湖水系、街巷脉络和诸多建筑、遗址一直保存至今，均属弥足珍贵的文化遗产，1986 年淮安古城被国务院公布为国家级历史文化名城。

改革开放后，淮安地区获得新的发展机遇，于 2001 年实施"三淮一体"的战略，现主城区由清河、清浦、淮阴、淮安四区组成，继承了原淮安古城、清江浦、河下、码头、王家营等主要的历史城镇，辅以盱眙、涟水、洪泽、金湖四县。全市范围内不断疏浚运河航道，构筑现代化的铁路、公路和机场设施，建立水陆空三路立体交通体系，再次成为苏北腹地的交通枢纽，整个城市也逐步进入第三次繁盛期，运河之都重新焕发出迷人的光彩。

● 城市格局

1. 淮安三城

明清时期淮安三城的城墙均随地形弯曲，并不取直，也非正朝向。旧城东西长 510 丈，南北长 525 丈，周长 11 里，轮廓近于方形。城墙从地面到女墙总高 3 丈，四面共设 4 座城门、2 座水门。南门迎远门（晚清改迎薰门）位于正中，东门观风门（晚清改瞻岱门）位于东北角，北门朝宗门（晚清改承恩门）略偏西，西门望云

门（明代后期改通漕门，晚清改庆成门）偏南，其北侧原来另有一座清风门，元末废除；西门南侧和北门西侧分别设西水门、北水门。四座城门的位置彼此错开，互不相对，外侧均设子城（瓮城），城门与子城上都建有城楼，东南、西南、西北三隅建角楼。

新城东西长 326 丈，南北长 334 丈，周长 7 里 20 丈，城墙高 2 丈 8 尺，比旧城略低，四面共设 5 座城门、2 座水门。东门为望洋门，南门为迎薰门，西门为览运门，北城墙上有两座城门，偏东为拱极门（称大北门）、偏西为戴辰门（称小北门）；南水门设于迎薰门西，北水门设于拱极、戴辰二门之间。东西二门建子城，四隅均建角楼。据清代吴玉搢《山阳志遗》记载，当地人认为新城的形状有模仿人形的意思，号称"人城"：南门为首，东西二门为双手，大小北门为两足，两北门之间曾经有一圈砖砌的围墙，内藏两块石子，象征着阴部，城中的两条小河分别称"大肠河"和"小肠河"。

联城的南北两面分别为旧城的北城墙和新城的南城墙，后建的东城墙长 256 丈 3 尺，西城墙长 225 丈 5 尺。两墙间共设 4 座城门，东南为天衢门，东北为阜成门，西南为成平门（清代中叶改平成门），西北门也叫天衢门。两面各设 2 座水门。

经过明清两代的不断重修，淮安府城（尤其是旧城）的城防体系十分坚固，因此民间有"铁打的淮安城"之谚。

新中国成立后淮安府城的城墙被陆续拆除，仅存旧城东南部巽关水门、旧城西门以及新城西门附近的 3 段遗址，其中巽关城墙近年已得到修复。

2. 内外水系

淮安府城外围水系纵横，北侧为淮河，西侧有大运河、罗柳河、汊河、东湖、西湖（管家湖），东侧有涧河，南北通衢，水上交通十分方便。

三城内部水系开创于明代，脉络相通，在清代多次得到整治疏浚，至清末仍基本保持畅通。其水源自运河，先在运河东岸设水闸，开辟一条市河，引水从旧城西水关入城后分为三支，萦回绕城后再次合流，从旧城东南隅的巽关水门流出城外，汇入涧河。因为其间流经府学

泮池,旧城内水系的主体部分又名"文渠",有象征"文运畅通"的意思。其中北支一脉过北水关后,入联城,与罗柳河之水相合,再向东行,分为二脉,东脉东流出城,北脉向北入新城南水关,穿城后出北水关,汇入城壕,转而与东脉合流,再向南汇入涧河。

这套水系至今大部尚存,虽不像苏州城内的河道那样纵横有序,却别有一番自然灵动的气韵,承担城市供水和水上运输的职能,同时具有一定的泄洪作用,而且在风水上也大有讲究:其中穿越旧城的三支水渠均源自运河,一分为三,又合三为一,故而号称"三奇合抱";文渠主脉穿越东南巽关入涧河,北支一脉入联城与亥位的罗柳河相迎,因此又被称为"巽亥合秀"。水上可行舟楫,又建造了大量桥梁,颇有水乡特色。

3. 街巷市肆

明代淮安府旧城街巷由南北向的中长街、东长街、西长街和东西向的东门街、西门街组成"三纵两横"的主轴。南北向以中长街最为重要,此街南端始于南门,

向北直抵鼓楼北侧,转而向西,再转北一直通向北门(北段又称"府上坂");东西两侧有东长街、西长街贯通南北;东西向的主干道路为西门街和东门街。漕运总督署前有都府街,府署前有府前街。鼓楼之南,东西长街之间,以中长街为界,东西两侧设有若干横街。旧城四面城墙内侧均辟有近城巷,此外城内还有很多小巷,如局巷、仓巷、三条营巷等分别以军械局、仓房、营房等政府机构为名,二郎庙巷、城隍庙巷、观音寺巷、五圣庙巷等以巷内祠庙为名,而打箔巷、铜王巷、打线巷、双刀刘巷显然为手工作坊所在地,此外还有百姓巷、驸马巷、龙窝巷等居民区。清代淮安府旧城依旧保持原有格局,并在此基础上略作调整,拓宽一些街道,又新开辟了一些小巷,城市街巷体系更加稠密。相比而言,城南地区的道路较为规整,北部和东、西部受水系影响,道路形态较为曲折。

新城主要由南街、东街、西街、北街、横街组成"两纵两横"的骨架,其间分布一些小巷。联城被大片水面

淮安民居今貌

所占，街巷很少。目前淮安古城区仍基本保持原有的街巷格局，其中府上坂（上坂街）和西门街等老街保留了较多的传统民宅和店铺，风貌更显古旧。

明清时期淮安府城的商业极为繁盛，至乾隆时期旧城中的集市数量发展到 10 个，包括东门市、西门市、南门市（含大鱼市、小鱼市）、北门市、府前市、县前市、十王堂市、养济院市、刑部市、名臣祠市，清末民初《续纂山阳县志》又补充记录了府学市、东岳庙市、土地祠市 3 处；新城在东南西北四门附近各设一市，此外还出现一个赶羊市；联城中设置鼓市和皮市；三城城门外设有好几处米市和柴市；河下地区保持明代已有的西义桥市、罗家桥市、杨家桥市、姜桥市、菜桥市、相家湾市等集市；东郊涧河两岸另有海鲜市、莲藕市和草市。这些集市具有明显的行业特色，遍布四方，类型十分丰富。

淮安旧城府市口淮阴市碑

● 官署建筑

明代之前的淮安古城长期为郡、州、路一级的区域行政中心，北宋乾道六年（1170 年）在旧城中心位置建州衙，元代沿用为淮安路总管府。明、清两代淮安的地位明显提高，城中公署数量也大为增多，包含武署、宪司公署和郡邑公署三大类别。

1. 武署

淮安府城位于北进南伐的咽喉要道，历代均被视为兵家必争之地，因此城中驻守军事长官的武署一度地位很高。朱元璋大军于至正二十六年（1366 年）占领淮安，当即以大将华云龙为淮安卫镇守使，并以原淮安路总管府为淮安卫镇守使司衙署，占据了城市最重要的核心位置。

洪武二年（1369 年），大河卫指挥使毕寅在淮安府新城内颁春坊旧太清观的基址上创立大河卫指挥使司，与淮安卫同级，处于相对独立的地位。两座官署均附设卫镇抚和造作军器局，还分别设置六千户所和八千户所，表现出强烈的军事防御意义。

明代后期淮安的军事地位有所下降，万历年间淮安卫镇守使司从原址迁出，让位于地位更为显赫的总督漕抚部院。

明代崇祯十七年（即清代顺治元年，1644 年），南明朝廷委任东平伯刘泽清镇守淮安，曾占用新城大河卫指挥使司修建府邸，极为豪华奢侈，但几个月后就遁逃而去。

清代淮安府城的军事地位进一步下降。武署数量较多，分散设于旧城和新城中。旧城内有中营署、中军都司署、左营游击署、左营守备署、城守营参将署、城守营守备署、淮安卫守备署，新城中有右营游击署、右营守备署和大河卫守备署，但规模都不大，甚至租赁民房替代，与明代的淮安卫、大河卫不可同日而语。

2. 宪司公署

宪司公署名义上为朝廷中央或省级衙署派驻府县的管理机构。明代以淮安府为漕运管理中心，宣德二

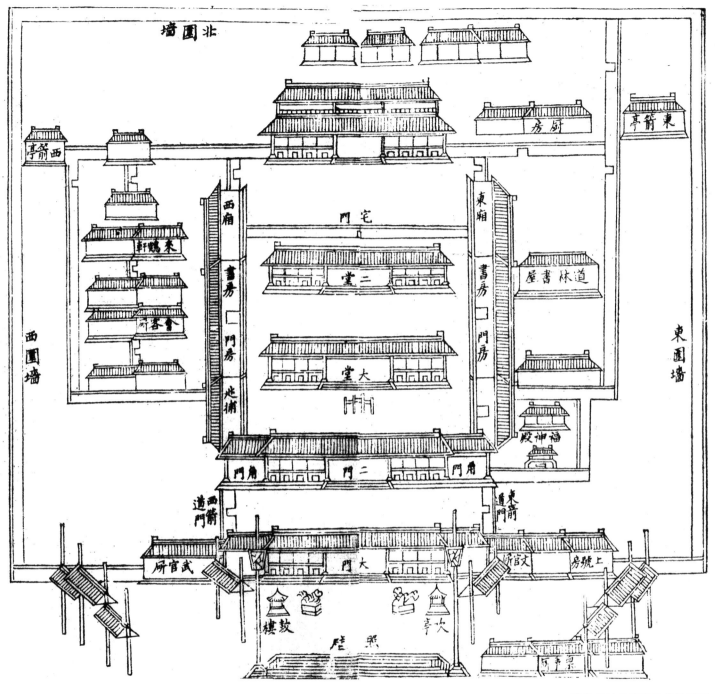

北園墙

東箭亭

房厨

西箭亭

西廂

宅門

東廂

来鹤軒

書房

書房

道林書屋

会客所

門房

二堂

門房

捕班处

大堂

福神殿

西圍墙

東圍墙

角門

二門

角門

西箭門道

東前道門

武官厨

大門

文武所

上號房

数楼

次亭

照壁

賢牌写

清代光绪年间漕运总督署图

年（1427年）知府彭远利用旧城南门内侧的三皇庙废址创建漕运镇守总兵府，作为漕运总兵的官署。从景泰年间开始，又以漕运总督为主管漕运的最高官员，将旧城南门内原平江伯陈瑄故居改造为总漕巡抚都察院，嘉靖年间迁于城东，万历年间再迁于谯楼北侧核心位置，称"总督漕抚部院"。明代漕运总督的正式名称是"钦差总督漕运、巡抚凤阳等处地方兼都察院左（右）都御史（或副御史、佥都御使）"，至明代晚期集总督漕运、巡抚四府三州、提督军务、兼管河务四项大权于一身，是位高权重的封疆大吏，总督署

总督漕运公署遗址 1

也随之迁移并扩充规模。而原本与漕运总督并列的漕运总兵官地位不断降低，于万历四十年（1612 年）裁撤。

清代淮安府漕运中心的地位得到进一步加强，在明代总督漕抚部院原址继续设立总督漕运公署，仍作为漕运事务的最高管理官员漕运总督的驻节之所，同时也是城中最重要的宪司公署，乾隆年间陆续维修大堂、修建大观楼、改建花园，厅舍数量增多，气势雄伟。光绪三十一年（1905 年）裁撤漕运总督，显赫数百年的漕督署彻底退出历史舞台，其旧址改作江北陆军学堂，原建筑群毁于民国时期，现遗址尚存。

明清两代的官制中包含"道"这种较为特殊的行政机构，直属于省级衙署或由省级衙署派驻地方，协助总督、巡抚、布政使、按察使处理政务，通常专领某项事务或统管若干府、州、县的各项事务。明代先后在淮安府城设漕储道、漕河道、淮徐道、淮海道公署。清代在旧城中设置淮扬道公署，乾隆五十七年（1792 年）移驻清河县城（清江浦）。

明代在清江浦设管仓户部分司和管厂工部分司，分别负责管理常盈仓和清江船厂。雍正七年（1729 年）在此户部分司旧址设立江南河道总督行署，成为与漕运总督并峙的另一重要的顶级公署，淮安地区也成为全国唯一一处同时有两个总督驻节的府级行政区。河道总督署西侧的附属花园清晏园至今尚存，近年又对原衙署部分进行局部异地重建，并辟为古代水利博物馆。

另外值得一提的是，明代中叶在河下镇设立淮北盐运分司署和淮北批验盐引所，使得淮安成为扬州之外的另一个盐务管理中心。清代道光年间，淮北批验盐引所迁到清河县的王家营西坝，导致河下的急剧衰败和西坝

的迅速繁荣。

3. 郡邑公署

郡邑公署主要负责府县一级的地方行政事务。明清时期的淮安府城同时也是山阳县城，旧城中设有淮安府署和山阳县署。

至正二十六年（1366 年），首任淮安知府范中在旧城中原元代屯田打捕总管府旧址上修建淮安府署。洪武三年（1370 年），第二任淮安知府姚斌另在淮安卫镇守使司北面的一块地方重建新的府署，一直沿用到清朝末年，其大堂、二堂幸存至今，近年来重建中路其他建筑，局部再现其历史面貌。

相比宪司公署、武署和府署而言，山阳县署地位较低，始终位于鼓楼西侧的旧址上，其大门原本东向开设，洪武六年（1373 年）改南向，原署现已不存。

● 宗教建筑

古代淮安地区的民间信仰十分复杂，府城内外以及辖区内的其他城镇村郊分布着各种坛壝、祠庙以及佛寺、道观和一些民间杂祀，宗教建筑体系极为庞杂。

1. 坛壝

坛是一种台式的祭祀建筑，壝指坛周围的矮墙。明代淮安府城以社稷坛、风云雷雨山川坛和郡厉坛为最重要的三大坛壝，至清代重要性有所下降，同时又在各里社、乡村设有社厉坛、乡厉坛，在淮安卫、大河卫设卫厉坛。

清廷以农业为施政根本，雍正年间下旨令各地建先农坛，地方官员行躬耕书籍田之礼。淮安府奉敕于雍正五年（1727 年）在旧城南门外偏东位置修建先农坛，成为全府地位最高的一座新坛壝，每年春季由漕运总督亲自主持祭礼并演耕。

清代道光年间江南河道总督署面貌

2. 祠庙

淮安地区重视儒家礼教，修建了大量的祠庙，以祭祀孔子以及名宦、乡贤、贞烈、忠臣、孝子等各种历史人物。

淮安府城以及各县城和清江浦的儒学均为庙学合一

制度，设有文庙，供奉孔子，并以历代儒家学者和贤臣配享。其中淮安府文庙和山阳县文庙分别创建于宋代和明代，现已不存。清江浦文庙创建于清代，存有大成殿等原构，现已得到重修。

淮安号称人杰地灵，名人乡贤辈出，各朝所建祭祀

淮安东岳庙今景

先贤、烈女的祠庙包括楚元王庙、淮阴侯庙、漂母祠、节孝祠、双烈祠、梁红玉祠、关忠节公祠等。

历代在淮安地区任职的官员多不胜数，其中政绩较好的官员往往被建祠供奉，如现存之潘陈二公祠、吴公祠等。

其他重要的祠庙还有城隍庙、武成王庙、关帝庙等，分别祀奉城隍、姜太公和关圣等。

3. 寺观

淮安地区的佛寺和道观大多历史悠久。淮安区旧城内佛寺有报恩光孝寺、开元教寺、龙兴禅寺、观音禅寺、台山寺，新城内有千佛寺、圆明寺、圆通观音寺。城外有湛真寺、闻思寺、湖心寺，分别得到康熙帝所赐御笔题额，地位尊崇。龙兴禅寺内的文通塔至今仍为古城的标志性景观。

旧城内道观有玄妙观、紫霄宫、东岳庙、灵观庙，新城内有高真庙、灵观庙，城外近郊有老君殿、栖真堂、天兴观、真武庙等，其中东岳庙至今尚存，为淮安市道教协会所在地。

淮安市以淮安区的寺观建筑最为集中、典型。除此之外，其他区也有许多有价值的寺观，如清浦区慈云禅寺、文会庵等，在此从略。

4. 杂祀

杂祀建筑主要祀奉起源于民间的各路神灵。淮安地区河道纵横，而且东濒大海，故而水神祭祀显得更为重要。其中灵慈宫又名天妃宫，在旧城、新城和清江浦先后设有4座，专门供奉漕运水神，地位最高；淮渎庙位于新城北门外淮河岸边，专为祭祀淮河之神而设；柳将军庙、清源宫、龙王庙、大王庙、镇海金神庙所奉的二郎神、龙王、金龙四大王、金神也都属于水神系统。

这些祀宇中最独特的当属位于清口地区的惠济祠。惠济祠始建于明朝正德三年（1508年），所在的清口是大运河、淮河、黄河交汇之处，也是漕运和河工的关键位置，地势险要，环境独特，具有不同寻常的标志性意义。这座祠庙在明清两代多次重修，明武宗和清康熙帝、乾隆帝南巡期间均曾亲自瞻礼。乾隆十六年（1751年）由朝廷拨款，仿内府坛庙制度对全祠进行重修扩建，分左、中、右三路格局，殿阁巍峨，屋

《南巡盛典》中的惠济祠形象

顶铺设黄色琉璃瓦，华丽尊贵。祠内所祀神灵原为碧霞元君，后逐渐与天妃（妈祖）崇拜融合，反映了运河沿岸独特的宗教文化。嘉庆年间北京西郊皇家园林绮春园中曾以此为原型加以仿建，反映了清代宫廷建筑文化与民间建筑文化之间的相互影响。惠济祠不幸毁于文革时期，其遗址尚存，并在原地保留着一座乾隆御碑。

5. 清真寺与教堂

淮安地区的宗教建筑除了前面所述的坛庙、寺观和杂祀之外，也有少量的伊斯兰教清真寺和基督教堂，例如顺治年间在河下镇罗家桥南建清真寺，咸丰初年法国传教士在旧城小高皮巷建天主堂，光绪三十一年（1905年）美国传教士林嘉美在旧城西门街建新教福音堂。清

江浦清真寺和王家营清真寺均建于清代，至今局部尚存；另外清浦区现存的两座福音堂都属于近代遗物。

● 风景园林

淮安地区自古就是人文荟萃之所，明清两代尤为文化鼎盛时期，科举发达，文人学士辈出，又因为地理位置和运河交通的关系，很多外地的学者、诗人、艺术家常来寓居或访游，加上大量的官员在此长期任职，很多富商经营各种生意，在淮安地区陆续营造了大量的园林和风景建筑，为城市增色许多。计其类型，主要包含公共风景园林、衙署园林、私家园林和祠庙寺观园林4类，蔚为奇观。

1. 公共风景园林

自唐宋以来，淮安府城内外依托河湖水系逐渐形成几处公共风景。位于城外运河西侧的西湖原本水面广阔，与运河连通，景致最佳，"西湖烟艇"和"西湖渔榔"分别被列为明代"淮安八景"和"淮阴十景"之一，可惜明末清初已淤塞为平地，不复旧观。

旧城西北角的郭家池又名放生池，后名勺湖，西邻城墙，水面狭长如勺，沿岸寺刹相望，楼阁起伏，为城

内最好的游赏佳地。清末久居淮安的著名作家刘鹗在《老残游记续集》第七回中曾经以写实的笔法描绘勺湖风光："这勺湖不过是城内西北角一个湖，风景倒十分可爱。园中有个大悲阁，四面皆水；南面一道板桥有数十丈长，红栏围护；湖西便是城墙，城外帆樯林立，往来不断，到了薄暮时候，女墙上露出一角风帆，挂着通红的夕阳，煞是入画。"勺湖湖面至今仍保持旧貌，水中芦苇、荷花密布，岸边原有建筑大多不存，20世纪80年代以后

里运河今貌

淮安钞关遗址

在此重建古典风格的勺湖公园。

月湖位于旧城西南隅，旧名万柳池，湖心小岛上的天妃宫为核心景观，清代历任漕运总督先后在其旁水面上建两仪亭、镜静堂、涌月台等景观建筑，以为觞咏之地，可惜现已不存，只剩下一潭幽水与浮萍相伴。

萧湖又名东湖、珠湖、萧家田，位于新城之西、运河东侧，与罗柳河相通，湖岸蜿蜒，其间穿插岛、堤、桥梁，沿岸有韩侯钓台、漂母祠等古迹，乾隆年间又在湖中修建三层小楼兼葭阁，整体环境风貌富有自然野趣。

2. 衙署园林

明代后期的总督漕抚部院中有东、西二园，清初逐渐荒废，乾隆八年（1743年）漕运总督顾琮利用公署东南部原用于骑马、射箭的射圃旧地营建万松山房，堆叠土山，种千株松树，象征文臣的志向与情操，别有清幽的意境。

明代淮安府署北部有一座偷乐园，天启年间知府宋祖舜觉得"偷"字不雅，将园名改为"余乐园"，园中有一座三槐台，前后设4根铜柱，上刻铭文，以镇压淮水泛滥。

淮安地区最著名的衙署园林是位于清江浦江南河道总督署西侧的清晏园，以规整的大方池为中心，格局疏朗、风格素雅。近年经过重修，为长江以北重要的古典园林遗存之一。

3. 私家园林

早在唐宋时期的楚州就陆续有私家园林兴建，明清时期的淮安地区更是涌现出大量的私家园林，分别属于退职官宦、富商和文士，亭榭相望，山水清丽。

淮安府旧城内修建了许多私家宅园，见载于史料者即有100多座，其中包括王氏澄观园、邱氏桐园、阮氏勺湖草堂和杨氏澹园等。新城和联城内也有少量私园，如阮氏园和陆氏园等。

城西的河下镇和萧湖之滨尤为私家园亭的聚集之地，先后相继，数量也至少在100座以上，其中名园包括清朝初期的依绿园、华平园、九狮园，清朝中叶的寓园、荻庄、且园、菰蒲曲、懋敷堂，清代后期的玉诜堂、十笏园等。

总体而言，清代淮安的私家园林风格融合南北之长，建筑、掇山、理水、花木配植的手法丰富多样，拥有深厚的文化内涵，达到很高的艺术成就，可惜无一完整幸存，只能从文献中推想其当年的风采。

4. 祠庙寺观园林

萧湖、勺湖、月湖之滨的寺庙祠宇大都依水修建亭榭楼台之类的建筑，既是风景区的重要组成部分，本身也宛如独立的小园，例如雍正年间知府朱奎扬和乾隆年间知府李暲先后在萧湖西岸漂母祠之侧建造水榭、画舫；又如咸丰年间丁晏在月湖湖滨的留云道院建五云堂、迟月楼、停云馆、荷亭、西舫、回廊，都成为优美的园林小景。

城内外其他一些寺观祠庙的庭院也大多栽种各种花木，或点缀山石，或构筑轩亭，具有园林化的特点。

● 水利工程

今日的京杭大运河南抵杭州，北达北京，流经京、津、冀、鲁、苏、浙等六省市，贯通钱塘江、长江、淮河、黄河、海河五大自然水系，全长1700多公里，在淮安境内约56公里。

淮安地处大运河最早河段邗沟入淮处末口和古淮水、泗水交汇处清口，城市因运河与漕运而兴，特别是明清时期，这里是全国漕运指挥中心、黄淮运河道治理中心、漕粮转输中心、漕船制造中心、淮北盐集散中心，有着"运河之都"的美誉，沿线分布着重要的水利工程遗址，如洪泽湖大堤、总督漕运公署遗址、总督河道公署遗址、淮安钞关遗址、清江大闸、码头三闸遗址、双

金闸、康熙御坝、王家营减水坝、吴公祠、河下运河石堤、乾隆阅河御诗碑、龟山遗址、御制重修惠济祠碑等。今择要简记如下。

1. 末口遗址

位于淮安区淮城镇新城村。春秋鲁哀公九年（公元前486年），吴王夫差打败越国后，向北推进，以图霸业。为了运送军需，自扬州向北连缀湖泊，开凿一条邗沟连接江淮，此即大运河江淮段的前身。邗沟与淮河连接处叫末口。日后，唐代有朝鲜侨民聚居点新罗坊在此附近；元末筑淮安新城时，留此作为新城北水关。今当地政府于此建牌坊一座。遗址面积5000平方米，对研究大运河与淮河的演变史以及淮安古城的发展史，均具有重要意义。

2. 洪泽湖大堤

古称高家堰、捍淮堰，始建于东汉建安五年（200年），完工于明、清时期。大堤南起洪泽县蒋坝镇，北止淮阴区码头镇，现存全长70.4公里，是中国水利史上沿用时间最长、修建时间最长的水利设施之一。洪泽湖大堤自建堤以来，历经1800余年，因其特殊功能，历代政府都十分重视对大堤保护、维修、加固，因而目前主堤仍保存完好，堤身植被丰富。部分石堤被护坡石块砌筑

末口遗址—邗沟北端

夕阳下的洪泽湖大堤

清江大闸旧影 1

清江大闸旧影 2

淮安天妃闸旧影

清江大闸现状

洪泽湖镇水铁牛

或埋入滩地，呈现的石工墙基本完好，以周桥越堤、乾隆信坝、蒋坝石工尾、侯二门及高堰段最为典型。大堤遗存有清康熙四十年（1701年）铸铁牛5只，分别位于三河闸（2只）、洪泽县进水闸（2只）、淮阴高堰（1只），同时遗存有明清时期"草泽河碑"等碑刻30方。洪泽湖大堤自建堤以来，防洪排涝功能始终居于重要位置，是淮河中下游地区10多座城市防洪排涝的安全屏障，被誉为"水上长城"。2006年5月公布为第六批全国重点文物保护单位。

3. 清江大闸

位于市区里运河航道上。始建于明永乐十三年（1415年）。平江伯陈瑄疏浚淮安管家湖至鸭陈口的沙河故道，更名"清江浦"，并置四闸，清江大闸为其中之一，另三闸早毁。万历十七年（1589年），又在正闸西北建一越闸，两闸相距79.2米，全部用长方条石叠砌而成。明清两代，清江浦是南北交通孔道，漕运咽喉，清江大闸地理位置显要，每年北运漕粮达400万担左右。1939年，日寇入侵，中国军队曾将大闸炸毁。1946年3月，中共苏皖边区政府拨款修复大闸。今正闸高11.5米，闸门宽7.3米，为当今京杭大运河上保存最为完整的古闸。

4. 码头三闸遗址

位于淮阴区码头镇。占地面积约100万平方米。三闸由南而北依次为惠济闸、通济闸和福兴闸，当地俗称头、二、三闸。各闸相距三四里。三闸包括正、越闸，结构基本相同，均为单孔，闸高10米以上，条石底、墙，木桩基础，闸身长12米，进出口呈八字形。三闸既能约束水势，缓和水流速度，利于行船，又能起控制水位的作用，有利于两岸农田灌溉。清康熙、乾隆两帝曾多次亲临视察。其是明清时期清口一带的漕运锁钥，黄、淮、运水系变迁的历史见证。今仅存遗址可寻。

5. 王家营减水坝

位于淮阴区王营镇星光村，俗称西坝。为东西走向，长约1.5公里，高3～5米，顶宽约260米，底宽约300米。乾隆《清河县志》载："减水坝在蒋家场王家营之间，

靳辅所建。""坝长一百丈，上造浮桥，下造水道，名鸡心孔，一百有三丈。"减水坝为清代黄河下游重要的防洪工程，乾隆二年（1737年）至道光六年（1826年）曾二十八次启放。咸丰《清河县志》卷三载："道光初，北盐改行顿于此，谓之西坝。"该减水坝是清代治理黄河水患的重要历史见证。

6. 御制重修惠济祠碑

位于淮阴区码头镇二闸村。惠济祠始建于明正德年间，清乾隆十六年（1751年），高宗南巡，建行宫于祠左，因命重修惠济祠，并立御制重修惠济祠碑，现祠碑存。碑高4.8米，宽1.4米，碑额镌蟠龙卷云图，碑座为双龙对向云图，正面刻清高宗于乾隆丁丑年（1757年）春二月御笔行书七律诗一首，碑背刻乾隆亲拟的750字碑文，为称颂康熙帝数次巡视黄淮水利，根治水患之业绩。该碑雕工考究，纹饰精美，文字清晰，保存完整，是苏北地区保存较好的一块乾隆御书碑。

御制重修惠济祠碑

第三章 因水而建：传统建筑名胜

淮安因水而生，因漕运而盛。市域内广布名胜古迹，展示着精湛的建筑技艺和鲜明的地方特色，是具有多重价值的文化瑰宝。

● 镇淮楼

镇淮楼又名谯楼、鼓楼，位于淮安古城中心位置，是城市的重要象征，2002 年被公布为江苏省重点文物保护单位。

楼始建于北宋时期，原为镇江都统司酒楼，位于州衙之南，是城中文武官员、富商巨贾、文人墨客以及往来路过的官商宴集之处。元代在楼上悬挂"南北枢机"、"天澈云衢"匾额，以彰显淮安扼守漕运通衢的特殊地位。明代开始在楼上设置铜壶滴漏以报时辰，又设巨鼓以鸣更、报警。为了表达镇压黄淮水患的意愿，清代乾隆年间正式改楼名为"镇淮楼"，光绪七年（1881 年）曾经作大规模重修。建国后又多次重修，以坚固挺拔的形象屹立于城内。

镇淮楼采用高台楼阁的形式，底座为高大的砖砌台基，长 28 米，宽 14 米，高 8 米，上部略有收分，显得十分沉稳。台基正中设拱形门洞，宛如城门，南门大街从门中穿越而过。台基东西两侧设砖砌踏步，拾级而上，台上建二层歇山楼阁，视为砖木混合结构，面阔三间，带周围廊，总宽 13.6 米，重檐翘角，凌空欲飞。今周围已经辟为城市广场，与漕运总督署遗址一起成为古城中的核心文化标志和市民休闲场所。

● 文通塔

文通塔位于淮安古城西北隅，北临勺湖，西依城墙，

镇淮楼

晨光下的淮安文通塔

为城内的标志性建筑，从城外的运河上可以看见塔身高耸于雉堞之上，从湖岸边可见碧波塔影相映成趣。

关于塔始建的年代，有两种不同的说法。一是东晋大兴二年（319年）建龙兴寺，寺僧以砖砌筑二塔，其中西南之塔名叫"尊胜塔"，即为文通塔之前身，此时淮安古城尚未修建，塔已先建。另一说法是塔初建于隋代仁寿三年（603年）。

无论此塔始建于哪一年，之后都一度被毁，唐代景龙二年（708年）重建，名为"尊圣塔"，俗称"敦煌塔"，采用木构形式。此后又遭兵火焚烧，北宋太平兴国九年（984年）再度重建，改作七层砖塔，直至20世纪70年代塔身第五、六两级仍保存着当时主持修造者留下的碑刻题记。南宋嘉熙四年（1240年）淮安知州王珪重修。

明代崇祯二年（1629年）又一次修塔，更名"文通塔"，与漕运总督朱大典在城外西南侧所建的龙光阁遥相呼应，据说在风水上很有意义，可旺一郡文风。清代康熙七年（1668年）淮安地震，塔上部坍塌，道光十八年（1838年）至咸丰元年（1851年）予以重修，

奠定了今日的宝塔形象。1982年被公布为江苏省重点文物单位，并进行整修，恢复了内部的3层楼板、楼梯，置有4尊佛像，并将所在地段辟为文通塔苑，成为勺湖风景区的核心景点之一，登塔可眺望城内的市井街道和城外的运河风光。

文通塔历经时光洗礼，就其现存形制而言，介于楼阁式塔和密檐式塔之间。平面为八角形，塔身全以砖砌筑而成，高23米，共分7层，底层直径约10.6米，高度超过全塔的1/4；上面6层逐层收分，每层设一圈腰檐，出挑较短，垂脊飞翘；屋顶设塔刹，尺度偏小，后世镀为金色。塔外壁刷为黄色，屋顶和每层腰檐为青黑色。

整座宝塔结构简洁，造型质朴，著名园林古建专家陈从周先生认为是中国唐宋古塔形式嬗替演变的重要实例，历史价值、科学价值和艺术价值都很高。

● 淮安府署

淮安府署位于淮安旧城东门大街，是明清两代淮安

淮安府署大堂

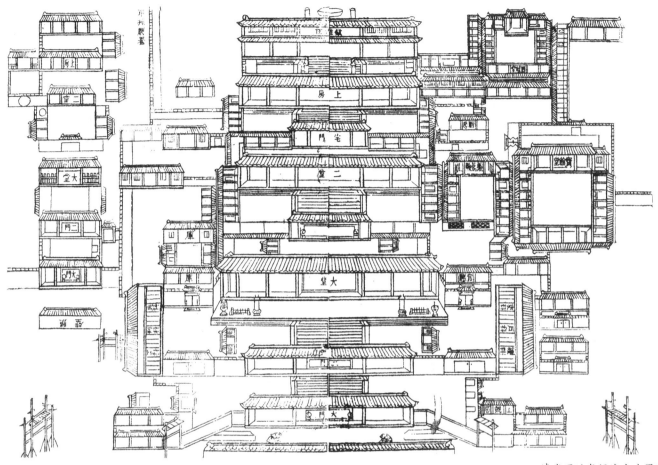

清代同治年间淮安府署图

淮安府署后花园

淮安府衙大堂内景

府行政中心。元代在其旧址上建有一座五通庙和沂郯万户宅，洪武三年（1370年）淮安知府姚斌认为旧府署格局狭隘，建造一座新的府署。

按照正德《淮安府志》的记载，明代专业的府署包含大门三间、仪门三间、正堂五间、戒石亭、经历司三间、照磨所三间、理刑厅三间、龙亭库三间、架格库三间、阜积库十六间、六房并各科司四十间、司狱司，此外还有神祠、府前总铺、府前官亭等附属建筑，天启《淮安府志》记载明末又加建了漕运库、阜积库、轻重监狱等建筑。

清代一直沿用明代旧署，康熙十六年（1677年）因为奉令拆取楠木而将正堂镇淮堂拆毁，康熙十八年由各方捐资，知府徐枏主持重建。乾隆十三年（1748年）府署的基本格局包含大门三间、二门三间、大堂五间、二堂五间、三堂五间以及其他附属建筑，大门外东西两

侧设申明、旌善二亭和牌坊二座。咸丰年间府署遭遇火灾，大堂被焚毁，咸丰十一年（1861年）重建，尺度比原状略小。同治《山阳县志》所附《淮安府署图》显示清末的府署格局相当复杂，左右设有若干跨院，共有房屋数十幢、600余间。

淮安府署的大堂、二堂等建筑一直留存至今，近年得到重修，同时复建了中路的部分建筑。目前府署的格局是南设大门三间，门内建戒石坊，上镌"公生明"三字。庭院左右分设六科办公用房，东为吏科、礼科、户科，西为兵科、刑科、工科，北面正中为大堂，五间硬山建筑，总面阔26米，进深达18.5米，面积超过500平方米，气度庄严，室内恢复古代原貌，脊檩枋下仍保存着晚清重建时的题记："咸丰十一年岁次辛酉仲春谷日代理江南淮安知府陶金诒重修。"大堂之后为二堂及其他附属

房屋。

淮安府署是中国现存极少的古代衙署实物例证之一，历史悠久，已于 2006 年被列为全国重点文物保护单位。

● 河下古镇

1. 历史沿革

河下古镇位于淮安古城西北侧，靠近古邗沟入淮处的末口，一般认为曾是古北辰坊的一部分，宋代称"满铺"。这一区域历来是淮安城外最重要的集镇，位置优越，水土丰腴，人杰地灵，传说汉代辞赋家枚乘、唐代诗人赵嘏、南宋巾帼英雄梁红玉的故居均在此处。古镇在明清时期最为鼎盛，文人雅士辈出，如《西游记》的作者吴承恩、明代南京国子监祭酒状元沈坤、清代经学大师阎若璩、朴学家吴玉搢、数学家骆腾凤、医学家吴鞠通、水利专家殷自芳均为其中的佼佼者，至于诗人、画家更是多不胜数。

明代的河下地区名叫"西湖嘴"，位于大运河的东北侧，东侧紧邻淮安府城，对外交通最为便利，其中的

河下古镇老街

河下古镇石板街

河下古镇水龙局

河下古镇石板街石板桥

集市和手工作坊比城内更为繁盛，堪与扬州媲美，故而明代大学士邱浚有诗句称赞："扬州千载繁华景，移在西湖嘴上头。"明代中期在此设淮北盐运分司署、淮北批验盐引所，引来大量的盐商迁居河下，导致其商业经济更为繁华。

清代中叶河下地区车马漕船往来不绝，聚集了更多的富商，同时科举发达，文人辈出，修建了大量的店铺、寺庙、宅第和园林，盛况空前，有"小扬州"的美誉。

清代道光七年（1827年），两江总督陶澍改革两淮盐法，取消了盐商世袭垄断经营盐务的特权，史称"纲盐改票"。之后河下盐务逐渐衰落，盐商们纷纷破产，古镇也随之颓败。道光十五年（1835年）发生大火灾，咸丰五年（1855年）漕运改道，河下不再是繁华商区，更趋于萧条。咸丰十年捻军焚掠河下，全镇遭受重创，从此陷入贫困，不可复振。民国以后，河下彻底衰败，完全失去了往昔的风采。

新中国成立后，河下古镇的旧街巷和老建筑没有得到应有的珍视，进一步被蚕食破坏，古镇的范围也有所缩小。近年来，河下古镇已经被列为国家历史文化名镇，

河下古镇闻思寺大雄宝殿

制定了完整的保护规划，古镇终于得到有效的保护，并逐步修复和重建了一些建筑和桥梁，重新焕发生机。

2. 古镇格局

河下古镇东依新城，南临萧湖和大运河，周围河道众多，水木清嘉，环境十分优美。

昔日最盛时，古镇中心地带拥有一百多条街巷，市肆骈集，屋舍连绵，建筑密度很大，是典型的市井坊巷之境。镇内的估衣街、笔店巷、烟店巷、白酒巷、绳巷、钉铁巷、打铜巷、锡巷、茶巷大街、干鱼巷等大批街巷的名称分别与服装、笔、烟、酒、绳、钉、铜、锡、茶、鱼等行业有关，而五字店巷、仁字店巷、文字店巷、亘字店巷等地名均源自所住盐商的商号。

镇上的主要街道以石板铺砌。淮安地区并不出产石材，传说当年盐商以船运盐外销后，回程时均满载大石而归，这才造就了一条条古朴的石板街。街上每块石板大约1米长，0.5米宽，仍保留着当年车轮碾压的深深痕迹。

河下地区水道交错，建造较多的桥梁，桥边逐渐形成西义桥市、罗家桥市、杨家桥市、姜桥市、菜桥市等若干集市，既集聚人气，又可以就近利用水陆两路往来运输。

现在河下景区的入口设于北侧，外侧新建了一批仿古建筑，里面掩藏着古街、老店和旧宅。穿过牌坊后，西折入估衣街，两侧店铺鳞次栉比，很多还保留着沧桑的老门板，其间的文楼是一家经营淮扬菜的百年老店，蟹黄汤包尤其出名。由花巷折而南，景致更为丰富，有水龙局等遗迹，宅楼窗台上还晾晒着霉干菜。再往南是全镇最重要的湖嘴大街，两侧分布很多小巷，炊烟袅袅，街上有吴鞠通中医馆、来凤桥等遗迹。

从清代乾隆、嘉庆年间开始，河下地区陆续兴建了多座同乡会馆，如徽州籍的新安会馆、浙江籍的浙绍会馆、山西籍的定阳会馆、镇江籍的润州会馆等，每家会馆寓居的商户分别从事盐务、丝绸、放债和医药等不同行业，有少数会馆建筑幸存至今。

昔日河下地区还有闻思寺、三官殿、都天庙、灵王庙、文昌阁、二帝阁、魁星阁等诸多寺庙，大多已经不存，

近年来重建了闻思寺，古刹庄严，香火缭绕。

除了现存的建筑遗产之外，河下古镇还具有深厚的文化底蕴，历代盛产文臣武将、诗人墨客，留下了大量的名人传说、诗词曲赋和书画作品，同时还是山阳医学的发源地和淮扬菜重镇，非物质文化遗产同样十分丰富。

3. 园林胜景

明清时期的河下古镇先后在有限的范围内兴筑了一百多座私家园林，堪称全世界范围内首屈一指的园林古镇。由于历史原因，昔日的园林原构一无所存，令人遗憾，所幸明清方志、文人笔记、诗词歌赋中保留了大量关于河下园林的记述，使得我们今天依然可以在一定程度上追忆其昔日的盛况。

明代河下地区已经出现不少私家园林，例如西湖畔有招隐亭、顾园、蔡园、潘园等别墅园，东湖滨有恢台园、隰西草堂、阮池、一草亭等名园。这些园林大多为退职官员和文人所筑，表现出清雅的风格，品位很高。

清初顺治、康熙年间的河下园林延续明代风尚，以清雅为上，园主仍以退休官员和文人为主。其中最著名的是吏部主事张新标和翰林院检讨张鸿烈父子的别业依绿园，三面依临萧湖，内有曲江楼，与湖光相映照，张氏在园中经常大宴宾客，举行诗文雅集，名震大江南北。此外还有兵部官员徐越的华平园、山东提学佥事刘谦吉的一篑园、鸿胪寺官员崔玉阶宅园以及同年中进士的李时谦和李时震兄弟的耕岚阁和且园。典当巨商汪氏的九狮园以奇巧的山石堆叠假山，造型模拟狮子，表现出富商的审美情趣。

清代中叶河下园林的繁盛达到顶峰，主要以盐商的园亭为代表，风格偏于富丽。这些盐商大多来自安徽徽州，少数来自山西、陕西、河南，其中尤其以程氏家族最为鼎盛，在河下先后拥有二十多座园林，如程兆庚的宜园中有层层台榭，程埈宅园中有斯美堂、篆竹堂、兼山堂、听汲轩、可继轩、枣花楼、六有斋、怡怡楼诸胜，程勋著和程梦鼐的宅园分别建造昂贵的楠木楼和楠木厅，程晟的燕贻轩中廊榭繁复，此外还有程茂的晚甘园、

河下古镇重建吴鞠通问心堂园景

程世椿的耘砚斋、程成文的可止轩、程世桂的高咏轩、程云龙的师意轩、程国俊的小山蹊等。大盐商程鉴的别业荻庄是程氏诸园之最胜者，此园位于萧湖莲花街上，三面环水，楼台亭榭参差起伏，景致极美，乾隆帝南巡时众盐商拟集资在荻庄设行宫开御宴，可惜未能实现。

官僚宅园以程易的寓园为代表，园中有红桥、翼然亭、平远山堂、樵峰阁、荫绿草堂、香云馆、半红楼、揽秀轩、跃如楼、殿春轩、涌云楼、卿云楼、得月楼、蕴藉楼、作赋楼、澄潭山房诸景，空间宏敞。刑部官员程艺农的且园以结构曲折而见长，设有芙蓉堂、俯淮楼、十字亭、藤花书屋、古香堂、接叶亭、春雨楼、云山楼、方轩、亦舫轩等二十二景，大有唐代王维辋川别业遗风。其余官僚宅园还有丁兆祺的引翼堂、程沆的情话堂、程昌龄的南藤花书屋等。

文人园林的数量依旧不少，其中吴进的带柳园筑八九座茅屋，辟鱼池、菜圃，自有农家田园之乐。汪汲的一卷一勺园中堆叠土山，小楼藏书万卷。安南国王后裔陈丙的潜天坞中筑第一句庵，堆叠太湖石假山。程嗣立出身于盐商世家，却也以文人自居，其宅园菰蒲曲柴扉掩映，绿柳夹径，格调清幽潇洒。其余文人园林包括杨寿恒的为谁甜书屋、杨皋兰的梧竹山房、邱广业的卧云居、骆腾凤的亦适斋、刘庭桂的慈和轩等。

道光、咸丰时期的河下依旧有一些园亭陆续兴建，只是规模、水准均难以与盛期相提并论。其中李元庚的宅园中设玉洗堂、餐花吟馆、惕介山榭、筼筜小舍、小盘谷、晚香草堂、菊圃，意境清新雅致；潘桐的十笏园中辟有瓜田菜圃、小酌突、草堂、遂初轩、眠云谷、退思亭，均由园主本人设计而成，意匠不凡；方琢的丰乐园中种植了一片枣树林，果实累累，以"丰乐"点题，也很有情趣。

20世纪80年代以来，河下古镇先后复建了吴承恩射阳簃和吴鞠通问心堂两座名人宅园，虽非旧貌，景致亦相当可观。

从造园手法来看，明清时期的河下园林表现出兼容南北的特点，具有强烈的地方特色。这些园林的面貌从总体上更近于江南园林，崇尚曲折、素雅、幽静，但在某些地方也体现出北方园林端庄、大气、浑厚的气质，同时在文化内涵上分别表现出富商气派、官宦风度和文人雅韵，是两淮地区重要的文化载体。

● 清晏园

1. 历史沿革

明代永乐年间，漕运总兵陈瑄利用宋代沙河故道，开凿了清江浦运河，直通清口，极大地改善了大运河入淮的航运条件。清江浦沿途设闸控制水位，沿岸建仓储、船厂、榷关，商船车流稠密，集市繁华，两岸民居连绵，逐渐形成了一个以"清江浦"为名的大集镇。明代在此设有常盈仓，同时设户部分司负责管理仓粮运输和储存。

清江浦运河北端的清口是淮河、黄河、运河三河交汇之处，也是河道治理的关键所在，水利工程异常繁重，从清初康熙年间开始，河道总督靳辅经常亲临清口督察河工，即以原户部分司作为自己的行馆。康熙三十九年（1700年）至四十七年出任河道总督的名臣张鹏翮在行馆西侧的花园中开辟水池，奠定了日后清晏园的雏形。

雍正七年（1729年）朝廷正式设立江南河道总督一职，并以行馆为总督署，之后雍正帝还派遣一位名叫雷景仁的皇家风水师前来踏勘风水。雍正八年至十一年间，嵇曾筠出任江南河道总督，对署西花园作了一定的改造，在其诗集留下很多描绘花园盛景的诗篇。花园初名"淮园"，当时的主景是一片面积约10亩的方塘，水上荷花密布，香气远溢，池边有南亭和画舫斋等建筑。

乾隆初期担任河督的满族名臣高斌在清江浦任职时

间较长，先于乾隆二年（1737年）春季在西花园中重建了一座草亭，并命名为"固哉草亭"；又于乾隆十五年在园中新建多座厅堂亭榭，构成荷芳书院十六景，以迎接乾隆帝首次南巡。这十六景包括荷芳书院、固哉草亭、可观亭、三友亭、画舫斋、素心书屋、淡泊宁静、筠疏清荫、小山丛桂、亭亭亭、绩奏安澜、湖山一角、竹里亭、藕花风漾钓鱼丝、柳荫小憩、香远益清，其中荷芳书院是位于北侧的正厅，画舫斋是雍正年间所建的舫式建筑，另有两座碑亭分别存放康熙帝赐张鹏翮的"淡泊宁静"御碑和乾隆帝赐高斌的"绩奏安澜"御碑。

乾隆十八年尹继善继任江南河道总督，次年邀请著名文人袁枚来署园做客，宾主徜徉园中，同赏胜景。从二人所作的诗篇来看，当时的园中有荷香四溢的水池、成行的柳树、可作歌舞表演的高台、临近水月的孤亭以及草阁、篱笆门、御碑亭、粉墙，而且还保留着射箭的场所。

乾隆三十年河督李宏在水池中央建水心亭，定名为"湛亭"；嘉庆年间河督吴璥取康熙帝御笔"淡泊宁静"碑铭改园名为"淡园"，后又取"河清海晏"之意改名为"清晏园"。

道光六年（1826年）至十三年张井担任河督，曾邀请著名文人钱泳在园中寓居4年之久，后来钱泳在其名

清代道光年间清晏园水心亭

清代光绪年间清晏园景致

著《履园丛话》中对清晏园大加赞赏。

道光十三年（1833年）至二十二年出任河督的麟庆是金世宗嫡裔，出身于满族文化世家，酷好游览园林名胜，到任之后陆续对全园进行大规模重修。先在园西南堆叠山石，掩盖源头水闸；又建芦苇矮墙和竹篱，筑茅屋"水木清华"，并在对岸建鹤房、鹿室。之后受著名画师张仙槎所绘图画的启发，重建清晏园中的水亭、曲桥、堂轩、游廊，使得清晏园的景致更胜从前。

麟庆之后，潘锡恩、杨以增、庚辰先后接任河督职务，清晏园面貌并无大的变化。咸丰四年（1854年）著名文士梅曾亮应河督杨以增之邀寓居清晏园。

咸丰十年二月捻军攻克清江浦，督署与清晏园均惨遭焚掠，除荷芳书院正厅之外的景致大半被毁。同年六月清廷撤销江南河道总督一职，以漕运总督兼管河务。同治元年（1862年），在此驻节的漕运总督吴棠在河督署原址重建漕督行署和清晏园。之后花园得到历任漕督的整修，景致逐渐恢复。光绪二十七年（1901年）继任漕运总督的陈夔龙曾经从扬州移来百株梅花，种在园内，并在离职之时改园名为"留园"，以表留恋之意。光绪三十一年，清廷又废漕运总督，节署先后改为江淮巡抚署和江北提督署，清晏园仍为附属花园。

民国前期，清江浦的旧署又先后改为江北都督府、江北护军使府、淮扬镇守使、淮扬护军使署，清晏园尚大致保持光绪后期的完整面貌。抗战前河督旧署被国军二十六军总指挥部占用，清晏园则用作江苏省民众教育馆办公地，园景不及往昔，主要建筑仍存，北侧部分地段已经被占为民众剧场。

抗战时期清晏园一度沦为日寇的养马场，景致多遭蹂躏。1945年苏皖边区政府加以整修，改称"叶挺公园"。1951年再次整修，改称城南公园，并将南侧的路家花园、西侧的关帝庙囊括在内，比清朝时期的规模要大得多，但失去了北部的园区，削弱了空间的层次感。20世纪80—90年代，政府对全园作了进一步的整修和

清晏园湖石假山

清晏园院门

扩建，复称清晏园，属于近30年来我国历史园林重建
工程之较为成功者，昔日园景依稀得以再现。

2. 园林格局

现在的清晏园已经被列为江苏省重点文物保护单
位，同时也是京杭大运河江苏段文物遗迹的重要组成部
分。虽然大部分建筑均为重建，但仍大致保持了原来的
历史格局和意境特色。

园门东向，入门即见一组湖石假山，石峰嶙峋，
洞穴幽然。沿曲廊北转，过圆形随墙门西折，为蕉吟馆，
其西为大水池，形态近方，池北有五间歇山正厅，巍
峨宏敞，即为乾隆年间高斌所建之荷芳书院。池中央
立一座重檐攒尖六角亭，通过曲桥与东岸相接。此亭
在道光年间一度以茅草覆顶，后改瓦顶。东岸堆叠假
山，山北有较射亭，再北为御碑亭，内存康熙帝御笔"淡
泊宁静"碑。

清晏园御碑亭

清晏园不系舟

荷芳书院之西有紫藤花馆，内藏一株 300 年以上树龄的古藤。方池西岸建恬波楼，其南水面上有一座重建的清晏舫，再现了昔日画舫斋的神韵。方池南岸，堆叠大型黄石假山，山北临水建槐香楼，与荷芳书院、水心亭形成一条中轴线。

园西部的关帝庙是一座古庙，其中的大殿尚为明代原构。庙南原有一所旧宅院，并入清晏园后，为了纪念叶挺将军而定名为"叶园"。

园内部河道蜿蜒萦回，沿岸建扇面亭、楼阁，小径曲折，与北部相对宽阔的景致形成鲜明的对比。

3. 意境特色

清晏园是一座衙署花园，主要供历代河道总督和之后的漕运总督驻节期间休憩赏玩，与皇家园林、私家园林的属性有明显差异。虽然在几百年的时间里屡次增修改葺，但始终保持独特的景致风格和意境神韵。

首先需要指出，清晏园是一座以"治水"为主题的古典园林。此园不同时期的名称以及其中的建筑匾额均含有治理黄淮水患的寓意。"淡园"、"清晏"皆一语双关，既形容人品淡泊或天下太平，也形容风平浪静。乾隆年间高斌在园中建造正厅，请著名学者蒋衡书写"荷芳书院"匾额，同样一语双关，既形容荷池之芬芳，更取"河防"

二字的谐音。麟庆曾将园中的衡鉴堂改名为"澜恬风定之轩"，清末又改称"澜安风定轩"，同治年间园中设"恬波楼"，都含有安澜平波的意思。中国古典园林中的匾额是凸显主题和渲染意境的重要手段，清晏园的这些题名寄托了历代总督救平水患、平顺河道的最高理想。

园中开辟大水池，形状近于长方形，具有端庄稳重之气。自唐宋时期以来，中国古典园林常设方形水池，著名者如北宋皇家园林金明池就以规整的方池为主景，岸边设楼，水中平台上建有水心殿。明代晚期之后的江南园林逐渐摒弃这一手法，池沼大多形态曲折多变，富有动感。但清晏园仍坚持营造方池，正是为了强调人工控制下的规整形状和静态特征，进一步体现"人定胜天"、"力挽狂澜"的治水主题。

其次，从整体格局上看，清晏园具有疏朗旷达的特点，更近于北方园林，与宛转幽折的江南园林明显不同。此园以大水池为主景，建筑数量不多，体量合宜，大多依水而建，空间感觉远比同时期的江南园林显得要涵虚开朗。池中央设小亭，不但形成全园的视觉焦点，而且更加凸显了水面的浩淼宽广，同时又有亭台点缀、曲桥卧波质朴之中体现了一定变化。

其三，就建筑形式和假山、植物的处理看，清晏园

清晏园俯视

清晏园关帝庙大殿

南宋·金明池争标图

又具有素雅细腻的特点，近于江南园林，与粗犷华丽的北方园林迥异。

园中建筑类型包括厅、楼、亭、舫、轩、廊等，飞檐翘角，气韵生动。淮安地区河湖密布，盛产芦苇，古代贫民多以芦苇、茅草为材建造民居，后有官员在园林中以精致的手段进行仿造，称"淮屋"，别有异趣，清晏园一度继承了这一特点，高斌所建的固哉草亭和麟庆所建的倚虹得月亭、水木清华轩、鹤房、鹿室以及大量的墙垣均为茅屋形式，极为清雅，使得这座地位显赫的总督署花园表现出强烈的文人园林草堂风味，可惜近现代以后这些富有地方特色的茅草建筑均已不存。

园中假山重视湖石和黄石，重修后依然达到较高水准。当年园中花木极盛，水中遍植荷花，岸边围以高大的柳树，千枝万缕，依依临水。此外还有油松、紫藤、梧桐、芭蕉、竹子，各有巧妙。园之一隅曾设松树盆景4件，置于石板之上，姿态极佳，传说当年曾经得到乾隆帝的欣赏，将之比拟为苏州邓蔚山的汉柏"清奇古怪"。

今日之清晏园荷香依旧，但是岸边的柳树均已不存，改种僵直的水杉，较为遗憾。

综合而言，清晏园是一座融合南北园林之长的古典名园，深刻地反映了治水的主题，理当在中国园林史上占据一席之地并受到更多的关注。

● 清江文庙

清江文庙位于清江浦运河南岸（今淮安市清浦区境内），明代嘉靖九年（1530年）工部主事邵经济在此处建崇景堂，辟为清江书院。清代康熙年间利用原户部分司设河道总督行馆，清江浦的地位日渐提高，于康熙三十七年（1698年）在清江书院增设清江文庙，庙学合一，并由山阳县派驻训导。雍正七年（1729年）朝廷在清江浦设立江南河道总督署，成为全国河道治理中心，鼎盛一时，清江文庙随之愈加显赫。乾隆二十六年（1761年）将清河县治迁移到清江浦，清江文庙与书院正式成

清江文庙

慈云禅寺大雄宝殿

清河县的县学，又称学宫。

道光三年（1823年）河道总督黎世序在旧址南侧重建文庙，包含棂星门、大成门、泮池、大成殿、明伦堂、崇圣殿、尊经阁、东西庑房、神库、燎炉、名宦祠、忠孝祠、东西学斋等建筑。咸丰十年（1860年）文庙毁于捻军焚掠，同治四年（1865年）漕运总督吴棠重建大成殿、名宦祠、明伦堂、崇圣殿，同治十一年漕运总督文彬又重建尊经阁和左右斋房，逐渐恢复原有格局。

清末废科举，在此改办孔庙小学。后历经战乱和政权更迭，文庙先后被改为军营、粮库、器房，建筑大多毁失，仅存大成殿和崇圣殿等核心建筑，近年来得到修复，并于2002年被公布为江苏省重点文物保护单位。

大成殿位于文庙中轴线核心位置，为五间周围廊歇山建筑，南设月台，总面积520平方米。崇圣殿位于文庙之北，五间硬山建筑。这两座殿堂为苏北地区少见的文庙建筑遗存，是昔日淮安地区文教昌盛的重要见证。

● 慈云禅寺

慈云寺位于清江浦花街之南（今淮安市清浦区承德路上），始建于明代万历四十三年（1615年），初名"慈云庵"。清顺治十五年（1658年）武康高僧玉琳通琇大师应顺治帝之召入京传法，赐号大觉禅师，后又晋封"大觉普济能仁国师"，名震天下。康熙十四年（1675年），垂暮之年的玉琳国师离京云游，途径清江浦慈云庵，挂单暂住，于八月十日说偈时圆寂。

雍正十三年（1735年），为了纪念玉琳国师，雍正帝下旨由淮关拨款，按照大型丛林的规制重建清江浦慈云庵，并改庵为寺，钦赐"慈云禅寺"匾额。工程至乾隆四年（1739年）方才完成。全寺设东西牌楼、山门、钟鼓楼、金刚殿、大雄宝殿、藏经殿、国师殿，佛像庄严，殿宇华丽，花木扶疏，成为江浙一带著名敕建寺院，乾隆帝南巡期间曾经亲至寺内瞻礼，作诗纪念，并赐"慧照常圆"匾额。

咸丰十年（1860年）慈云禅寺部分殿堂毁于捻军焚

慈云禅寺国师殿

慈云禅寺局部

掠，住持高僧静修大师从同治元年（1862 年）募资重修，历时 20 年完成，宝刹重辉。1918 年慈云禅寺失火，大雄宝殿被焚毁，从此日渐颓败。

新中国成立后寺长期被废止，并被市五金公司挪用为库房。院内仅存天王殿、藏经殿、国师殿、罗汉堂等遗构。20 世纪 80 年代重新归还佛教部门，在方丈德林大师和其他僧众、信徒的努力下，陆续修复旧殿，重建山门、大雄宝殿、三圣殿、地藏殿、观音殿、禅堂、斋堂等建筑，并在国师殿中重塑玉琳通琇大师像，以作纪念。1994 年慈云寺正式对外开放，规模比鼎盛时期明显缩小，重新成为淮安地区最重要的礼佛场所。

● 明祖陵

明祖陵位于洪泽湖北岸的古泗州境内（现属淮安市盱眙县仁集乡），原名杨家墩，是明太祖朱元璋的高祖朱百六、曾祖朱四九、祖父朱初一的衣冠冢，朱元璋祖父母的实际葬地也在陵区内，与凤阳皇陵、南京孝陵和北京昌平十三陵共同组成明代皇家陵寝的完整体系。

洪武十八年（1385年），朱元璋令皇太子朱标率领文武大臣、各色工匠开始动工兴建祖陵，至明成祖永乐十一年（1413年）方才完工，前后历时达28年之久。

整座明祖陵，占地面积上万亩，气魄宏伟。陵区设砖城两道，周长4里10步；外面又加筑土城一道，周长9里30步，相当于一座明代地方城市的规模。城外辟金水河，河上架设3座金水桥。砖墙四面各设一座城

明祖陵平面示意图

明祖陵神道瑞兽局部

81

明祖陵享殿遗址

明祖陵遗址

门，内建五间正殿、六间具服殿以及红门、燎炉、棂星门、神厨、东西屋、值房、斋房、库房、宰牲亭。自南往北，神道两旁对称排列21对大型石像生，包括麒麟2对、狮子6对、望柱2对、马官2对、拉马侍者1对、天马1对、侍从1对、文臣2对、武将2对、内侍太监2对，雕刻精美，栩栩如生。每一座石像均以整块巨石雕成，其中最大的拉马侍者像重达23.40吨，令人惊叹。6对狮子形态基本相似，细看则明显区分俯仰动静之势。9对人像分别高2.9米至3.42米不等，或怒目圆睁，或面带微笑，神态各异。神道之北设有享殿、配殿、宝顶等。

明祖陵遗址出土之建筑构件 1

明祖陵遗址出土之建筑构件 2

陵区周围种植 7 万多株树木，郁郁葱葱。

清代黄淮几度泛滥，明祖陵和泗州古城不断受到洪水的严重威胁。康熙十九年（1680 年）明祖陵终于被彻底淹没，沉入洪泽湖底近 300 年。直到 1963 年，因为洪泽湖水位大幅下降，这座陵寝才重见天日，地面建筑已经不存，但石像生和殿堂台基遗址却因为长期居于水下，少经风蚀，反而保存相对较好。经过考古研究和

保护修复后对外开放，明祖陵并于 1996 年被公布为第四批全国重点文物保护单位。

● 盱眙第一山

盱眙第一山又名南山、都梁山，雄踞于淮河南岸，前临千里长河，背依九座山峰，景致优美，人文遗迹与

盱眙第一山题刻 1

盱眙第一山题刻 2

盱眙第一山文庙大成殿

自然风光并胜，是淮河流域一大名胜，也是淮安地区少见的山地风景区。第一山所在的盱眙县设于秦代，是中国最早建县的县份之一，"盱眙"二字的原意是"放眼远望"，即所谓"张目为盱，举目为眙"，通常认为正是因为登此山远望而得名。

盱眙第一山魁星碑

第一山位于汴水与淮河的交汇处，扼守航运要道，唐宋以来，无数达官显宦、文人墨客途经盱眙时都曾经登山游览，留下了大量的诗文、碑刻。北宋绍圣四年（1097年），大书画家米芾赴任涟水上任，由首都东京（今河南省开封市）经汴水一路南下，沿途均为平原地区，入淮时突然看见岸边山峰耸立，丘壑奇秀，于是即兴作诗曰："京洛风尘千里还，船头出汴翠屏间。莫论横霍撞星斗，且是东南第一山。"并手书"第一山"三个大字，勒碑留于山间，从此此山得名"第一山"。以后许多名山纷纷仿刻米芾所书之碑，鱼龙混杂，但实际上唯有盱眙第一山才是正宗。

有趣的是，明代淮安一代文豪吴承恩的巨著《西游记》中罗列了很多虚无缥缈的仙山，极少提及现实中的真山，却在第66回中以生动笔墨描写了一座盱眙山："行者纵起筋斗云，躲离怪处，直奔盱眙山。不一日，早到。细观，真好去处：南近江津，北临淮水。东通海峤，西接封符。山顶上有楼观峥嵘，山凹里有涧泉浩涌。嵯峨怪石，磐秀乔松。百般果品应时新，千样花枝迎日放。人如蚁阵往来多，船似雁行归去广。上边有瑞岩观、东岳宫、五星祠、龟山寺等，钟韵香烟冲碧汉；又有玻瑞泉、五塔峪、八仙台、杏花园，山光树色映虫宾城。白云横不度，幽鸟倦还唱。说甚泰嵩衡华秀，此间仙景若蓬瀛。"这正是第一山的真实写照，很可能当年吴承恩本人曾经游赏过故乡附近的这座名山，留下了美好的印象，这才在《西游记》中留下了这段奇妙的文字。

由于历史的沧桑演变，第一山诸多的古建筑遭到毁弃，但有部分遗物和若干石刻幸存至今，改革开放以来陆续得到修复和重建。1996年"第一山"被评为国家级森林公园。

山脚下竖有一座石牌坊，上镌佛学大师茗山所题"淮山胜境"四字。山麓的文庙始建于南宋绍兴十三年（1143年），之后屡废屡兴，近年再次重建，设庙门、泮池、大成殿、明伦堂等建筑，其中的明伦堂尚为古代原构。山上的东坡草亭是纪念苏轼的景点建筑，而倚靠石壁的玻璃泉和旁边的六角亭则是"第一山"的重要景致，山壁左侧还保存着元朝大书法家赵孟頫晚年所作的《泗州普照禅寺灵瑞塔》残碑。

在秀岩、瑞岩和西域寺3处摩崖存有88件题刻，与山上其他78块碑碣同为第一山最宝贵的文化财富。秀岩山崖上有苏轼手书的行书《行香子》，还有几处南宋使臣的题记。秀岩对面的淮山堂与翠屏堂是敬一书院的建筑遗存，翠屏堂之后有一座杏花园。沿石径而上，可见会景亭遗址，在此可南瞰长淮，西赏宝积山，视野开阔，远近高低景致尽收眼底。当年米芾亲题的"第一山"石碑立于坡上，笔势雄健潇洒，照耀千古。

山上的魁星亭建于清代道光二十四年（1844年）。魁星又名奎木狼，是二十八宿中西方七宿之一，俗称"文曲星"，为主载文运之神。亭内藏有一块非字非画、图案奇异的魁星碑，中央大书"魁"字，左半如灵猫，右半为北斗七星，据说可保佑应试学子高中。原碑毁于文革时期，1987年根据拓片重刻。

昔日第一山另有龙山寺、西域寺等佛寺以及瑞岩庵等道观，景致清幽。

● 涟水二塔

古代淮安地区佛教昌盛，寺刹林立，建造了不少佛塔，其中最著名的是泗州古城中的普照王寺灵瑞塔，又名"僧伽塔"、"大圣塔"，建于唐代景龙三年（709年），共13层，可惜清代康熙年间随着泗州城一同葬身洪泽湖底。淮安境内目前只有3座佛塔遗存，除了前面提及的文通塔之外，还有涟水县境内的妙通塔和月塔。

1. 妙通塔

妙通塔位于涟水五岛公园西侧湖岸，原构始建于北宋天圣元年（1023年），旧属承天寺（后改能仁寺），为砖砌7层楼阁式塔，内供妙通法师舍利子、金棺等圣物，历代香火不绝，可惜1948年毁于解放战争。

1998年文物部门对妙通塔遗址进行清理和考古发掘，发现塔下的方形地宫，出土石椁、银椁、金椁，内藏佛牙、舍利，还在地宫中找到北宋造塔记碑，弥足珍贵。之后当地政府开始筹资按照原来的式样重建妙通塔

近年重建的涟水妙通塔

涟水月塔

塔身，于2001年9月完成，仍为八角七层，高68.88米，原有的地宫也得到全面保护和修复。

2. 月塔

月塔位于涟水县唐集乡月塔村，始建年代不详，从造型判断，应为宋代遗物，明代万历三十四年（1606年）曾经重修过。近代以来最上一层残缺，解放后得以修复，1982年被公布为江苏省重点文物保护单位。

此塔通体以砖砌而成，塔身为八角形平面，每边边长约1.83米，总高16米，共分7层。底层在东、南、西三面设门，自北门入，可沿台阶踏步直达二层，二层以上以内旋方式设置楼梯，盘折而上。

勺湖草堂

塔外观模仿木结构，每层均设倚柱、额枋、斗栱和腰檐，而且除第六层外都设拱门，局部隐刻宋式直棂窗和毬文窗。

月塔虽然高度有限，但是造型秀美，细部雕刻精致，是淮安现存古塔中艺术水准最高的一座，其内部结构也是江苏古塔中的孤例，具有不可忽视的独特价值。

● 泗州城遗址

泗州城遗址位于盱眙县淮河镇的沿河村、城根村一带，与盱眙县城隔淮相对。现有约六分之一在水下，六分之五在淤沙之下。

2010年10月，江苏省考古研究所开始对泗州城遗址进行考古勘探发掘，总发掘面积达20 000余平方米。已出揭露出香华门、南城墙一部、灵瑞塔塔基、观音寺等一批重要文物点。基本探明内、外城垣走势及城内重点区域布局，内城垣南北中轴线宽约960米，东西中轴线长约1 900米；墙体宽8到12米不等，砖石包土结构，砖石用石灰与糯米汁掺拌砌筑。

还出土了大量砖石建筑构件以及一大批不同质地的当时的生活生产用具。

泗州城遗址对研究中国古代城市布局、古代建筑以及古代城市的防洪有着极其重要的科学价值。

● 清江清真寺

清江清真寺位于淮安市清河区东长街。始建于明代，原为草房，清乾隆年间改建为瓦房，咸丰十年毁于战火，

清江清真寺内景

清江清真寺外景

同治九年重建。1980 年曾维修，但仍保持旧观，尤其是蝴蝶厅的梁架还很好地沿用。原有南向的寺门一座，石榜题"古清真寺"四大字，因新建"综合楼"而拆除，后照原样重建。

清真寺现存主要建筑为礼拜大殿、蝴蝶厅，以及清代重修清真寺碑记两方。礼拜大殿前有走廊，面阔 13.5 米，进深 13.7 米，高 8 米。蝴蝶厅面阔 3 间 9.4 米，进深 8 檩 4.6 米，高 7 米，歇山造，卷棚顶，四周有回廊，廊宽 1 米。寺里还有百年凌霄树一株和古井一口。

该寺是目前淮安市保存完整的伊斯兰教建筑，尤其是礼拜大殿工艺精致，两块石碑记载翔实，历史、艺术和科学价值突出。2003 年 3 月公布为淮安市第二批文物保护单位。

● 青龙庵

青龙庵位于清河区大闸口东越河街 140 号，建于乾隆二十四年，至今已有近 300 年历史。主殿两层，砖木结构，面积约 80 平方米，大梁上有确切纪年铭文"大清乾隆二十七年八月十五日主持比丘尼通福募建"，房屋现状保持尚好。庵内有附属房屋数十间，古井一口；另有古银杏树一株，树龄约 250 年；古黄杨树一株，树龄约 150 年。

传统寺庙建筑往往庄重威严形制工整，而青龙庵则显得随意，以神堂为例，建筑面阔三间，进深七步架，高二层。屋架简单、用料小，楼梯位于一角。现存建筑一层和二层均供有佛像，青龙庵从整体上来看更加贴近生活。与一般的寺院形制恢宏有别，以其朴素的格局、纯净的院落、鲜明的风格向人们传达着淡泊、宁静、朴素、超脱的内在精神，具有亲民性、朴实性和随意性。

青龙庵历史上曾经是淮安有名的佛教场所，南来北往的船只，均慕名到此停泊，参拜进香，盛极一时，佛教文化价值突出。它传承着历史风貌，延续城市历史文脉，作为宗教场所，目前还有大量的信众，因此它的存在不仅具有现实意义，而且它还承载着重要的社会、文

青龙庵

青龙庵内景

化价值和精神意义。2006 年 6 月公布为淮安市第三批文物保护单位。

● 清江钟楼

　　清江钟楼位于清河区原同庆街 14 号，1925 年由美国传教士和本土信徒共建。

　　钟楼由楼体及教堂两部分组成，楼体呈正方形，边长 3 米，高 8.3 米，西、南二面门楣匾额上分别镌刻"以便以谢"四个字；教堂与楼体相连，原五间，现毁圮。1953 年在此召开淮阴县基督教会第二次代表大会，后来由五金一厂使用，1993 年产权移交清河区政府，2011 年清河区政府对其进行了维修，目前整体状况较好。

　　钟楼是淮安宗教事业发展的重要实物佐证，周围有济安水龙局、清江大闸、若飞桥等古迹，人文气息浓厚，2009 年 6 月被公布为淮安市第四批文物保护单位。

清江钟楼维修后

● 淮安水上立交

　　淮安水上立交位于淮安区古城南门外，占地面积

水上立交

古城墙遗址 1

古城墙遗址 2

5 000 多亩，其中陆地面积 1 700 亩。这里既是南水北调东线工程输水干线的节点，又是淮河之水东流入海的控制点，由 3 座大型电力抽水站、10 座涵闸、4 座船闸、5 座水电站等 24 座水工建筑物组成。2004 年 7 月被评为国家级水利风景区。

● 淮安古城墙

淮安古城墙位于古城淮安区东南角，淮安区因独特的三连城结构而载入中国古代城市规划史。近年，淮安区为传承历史文脉，打造特色城市，累计投资 1 亿元，在保护古城墙遗址基础上，复建巽关"水城门"、旅游会所等。

● 米公洗墨池

米公洗墨池，位于涟水县五岛公园内，面积约 210 平方米。米公名芾（1051—1108），北宋崇宁五年（1106）被宋徽宗召为书画二学博士，是宋代最负盛名的书画家、鉴赏家和书画理论家。宋元祐年间，知涟水军二年，米公一生为官清正，为民敬仰。据传在涟期间他每书画完毕，即下池洗笔，任满离开时，行至半途，发现笔中墨为涟水之物，便立即返回，洗净方去。人们为了怀念这位清官，亦称此池为米公洗墨池。1982 年涟水县人民政府公布为文物保护单位；2003 年 3 月淮安市人民政府公布为第二批文物保护单位。

米公洗墨池

古清口遗址

米公洗墨池边亭

● 古清口遗址

古清口遗址位于淮安市主城区西约七公里的淮阴区袁集乡桂塘村，周长2 830米，占地面积45万平方米，在码头与杨庄两个古镇之间，为古泗水（又名清河）入淮口，是古代中国著名的交通枢纽。在《二十五史》中出现的频率很高，向为史家、兵家所重。2006年被国务院批准为京杭大运河江苏淮安段16个重要节点一。

古清口遗址是中国古代战争的重要窗口，是黄河夺淮的历史见证，是清河县的发迹之所，也是中国地貌沧海变桑田、天堑变通途的重要例证。20世纪90年代初，在华能淮安杨庄电厂二期工程施工中，曾经出土过三艘明末清初的沉船及大量的瓷器、木桩等，现有200多件文物收藏在淮安市博物馆。这一考古发现对研究明清运河的古河道、古水文及当时的物资流通及瓷器制造工艺等都有重要意义，因此，古清口也是个尚待发掘的文物宝库。今天，古清口为新老里运河、中运河、废黄河、淮沭新河、盐河等多条河道的交汇处，淮安市在此规划了古清口生态风貌区。

● 其他古迹

淮安地区除上述建筑名胜外，值得重视的历史建筑佳作尚有：淮安区东岳庙，曾是苏北地区的道教活动中心；

勺湖草堂

洪泽县岔河镇老街石桥，为淮安地区保存最古的石桥；清河区清江清真寺、淮安区河下清真寺，为淮安地区保存完整的伊斯兰教建筑；淮安区潘埙墓遗存较完整的墓前石刻；清浦区清江浦楼，青砖灰瓦，飞檐斗拱，嵌以黄绿琉璃瓦，饰双龙戏珠，色彩绚丽，规模不大，但它是清江浦地名的标志；淮安区润州会馆、江宁会馆，为淮安目前仅存少数会馆，是昔日商业繁荣的见证，研究淮安商业发展史的重要实物佐证；清河区大闸口青龙庵，曾经是有名的佛教场所；清浦区都天庙，尚存主建筑大殿一座，正脊、垂脊纹饰精美，梁枋扇窗构造精巧，虽历经190多年风雨洗礼而雄姿犹存；淮安区淮城镇板闸村清代建筑三元宫，是目前淮安市保存较为完整的一处清代道教建筑；淮安区勺湖公园内的勺湖草堂，原为清雍正年间湖南提督学政阮学浩的课士书塾敬义斋，阮去世后，其门人仍聚集于此会文，并立阮之木主牌位祀奉，称之为勺湖书塾、勺湖草堂，经1981年重修，仍为一方名胜。

清江福音堂1

清江福音堂2

第四章 水天一色：近现代的历程

1840 年以来，中国面临着民族危机，淮安也曾因为运河航道的衰落、淮河水患而陷入地区性的存亡危机之中。然而，也正因如此，淮安人至少在清中叶起，逐渐接受西方文化的影响，开始探索复兴民族文化的新途径，并在民族危难之际，与全国人民一道肩负起启蒙、救亡、力图民族复兴和文化复兴的历史重任，历经风起云涌的社会动荡，渐趋于水天一色的澄澈，书写下淮安文化的崭新篇章。

● 风格多样的淮安近现代建筑

清末民初的社会动荡和西风东渐的外来文化影响，在坚持固有传统的基础上，淮安人开始了对西方文化的学习，社会风尚为之一变。这种世风变化，表现在建筑风格上，是博采众家之长，形成建筑样式取舍的多样化。

1. 清江福音堂

共有两座，均位于清河区。一座为和平路 65 号大楼，另一座为基隆东巷 5 号大楼，由美国传教士米德安于 1900 年前后建造。两楼均为两层小楼，砖木结构，建筑面积约 800 平方米。室内有壁炉，窗户为百页窗，欧式风格，古色古香，是市区基督教徒讲学传经的活动场所。两楼在宗教界有特定影响，1988 年世界著名宗教领袖葛培理曾来此实地探访考察。现两楼仍保持西洋风貌，为淮安市优秀基督教建筑。

2. 文楼

位于淮安区淮城镇河下居委会花巷大街 75–2 号。始建于清光绪年间，时为船政大臣裴荫森所建饭庄，因首创淮地特产蟹黄汤包而著名。现存面南两层小楼一座，面阔 4 间 13.5 米，进深 5 檩 5 米，檐高 6 米，硬山顶，抬梁式梁架。占地面积约 230 平方米。文楼，是淮扬菜名点——蟹黄汤包的发源地，至今各路食客仍然纷至沓来，为研究淮扬菜的发展史提供了实物佐证，对扩大淮扬菜的宣传影响亦具有重要作用。

3. 文会庵

位于清浦区都天庙前巷 31 号。此庵于清末为供奉文殊菩萨而建。历史上香火旺盛，信徒众多，至今农历每月初一和十五，香火仍然整日不断。现存建筑有 9 座，其中由文会庵管理和使用的建筑有大殿、玉佛殿、圣堂

仁慈医院旧址

和西偏房等 4 座。主体建筑大殿，面阔 3 间 12 米，进深 6.85 米，脊高 8 米，前有廊，殿内供奉文殊菩萨。文会庵现基本保持着原有的建筑风貌，其西傍都天庙，东临慈云寺与清江文庙，系清江浦名胜之一，亦是淮安现存格局较完整的宗教建筑之一。

4. 王遂良宅

位于淮安区淮城镇龙窝巷 20 号。王遂良，商人，抗战前为淮安杂货业工会主席。其住宅建于清末民初，占地约 4 000 平方米，有楼房、平房 60 余间。其大门在上坂街，后门在龙窝巷，现大门、后门仍在。主屋为中式楼房两进，均为硬山顶、抬梁式两层楼房，面阔 3 间 13 米，进深 9 檩 7 米，现为民居。王遂良宅是淮安现存规模较大的民国初年建筑群，其建筑规整考究，雕花装饰精美，具有较高的文物欣赏价值。

5. 仁慈医院旧址

位于清河区和平路老坝口小学内。此为仁慈医院在淮安的旧址之一，原有老建筑两幢。坐东朝西一幢，为 20 世纪 30 年代建造的砖木结构两层小楼，上下共 28 间，惜已毁圮。坐北朝南一幢，20 世纪 20 年代建造，上下两层均铺设木地板，面阔 24 米，进深 7 米，呈"L"形，有踏步 3 处，面积 336 平方米，屋面遍铺美国水泥制作的方形水泥瓦。该处旧址一度被苏皖边区政府作幼儿园使用，可供研究仁慈医院在淮安的历史及苏皖边区政府的教育史。

6. 济安水龙局

位于清河区越河街 14 号，始建于民国七年（1918 年）。南北走向，砖木结构小瓦平房，两翼山墙高出屋脊。其面阔 4.2 米，进深 7 米，脊高 5 米，建筑面积约 30 平方米。门额方砖上阴刻有"济安水龙局"字样。该建筑为当地商人和平民募捐建成，为越河街上重要的民间消防组织。当时，清江浦民间水龙局有四五个，分布于莲花池等地，但随着时间的推移相继被拆除。济安水龙局为目前淮安市仅剩的一处水龙局遗存，是研究淮安消防史的重要实物佐证。

7. 戴宅

位于淮安区淮城镇乌沙村西中组、古运河南侧。建

戴宅

于 20 世纪 20 年代初，由戴荣举四兄弟共建，兼做住宅、油坊、糟（酒）坊、酱园及运输等，解放后为运河中学，现为戴氏住宅。原有 3 个前后相连的庭院，占地约 1 500 平方米，现存一院，中轴线上有三进房屋，东西有厢房，东厢南北两端及西厢北端各建有了望楼，共有房屋 29 间，均为硬山顶、抬梁式。主屋面阔 3 间 10.7 米，进深 7 檩 6 米，檐高 3.6 米。该宅建筑装饰朴素简洁，且保存较好，为民国初年淮安农村住宅兼作坊建筑的典型代表。

8. 正泰浴室

位于淮阴区王营镇杨庄居委会老街。民国建筑。浴室为一传统平房，坐南面北，墙壁青砖垒砌，屋顶水泥构筑，面阔 4 米，进深 6 米，高 3.2 米，顶部呈拱形，开 4 个玻璃天窗。浴门朝北，锅炉在南墙下端，有 4 个铜锅烧热水。浴池四边及底部均用白矾石铺设，风貌古朴。该浴室紧挨运河杨庄运口，河宽浪平，南来北往客商常由此上岸搓澡，得以暂时小憩。正泰浴室是目前淮安室唯一保存较好的一座老浴室，为研究运河文化提供

了实物佐证。

9. 许氏中医宅

位于淮安区河下居委会估衣街 160 号。许春扬（1919－1995 年），其父许炳元为清末民初淮安中医，擅长喉科。许春扬师从苏北名医汪筱川，为山阳医派著名中医之一，擅长儿科、内科、妇科。许宅占地面积约 500 平方米，宅内有三进院落，一进为问诊室，后两进为候诊室，另有后花园（药圃）。整个建筑均为硬山顶抬梁式，主屋面南，面阔 3 间 9.6 米，进深 6.1 米，檐高 3.2 米，明间罗地砖铺地，次间木地板，并搭有木阁楼。许宅建筑很有考究，建筑细部完整、雕刻精美，且每进房屋的大门都不在一条直线上，据说是为了聚集宅院内的地气人气。为古镇河下保存较为完整的一处中医宅院。

10. 秦举人宅

位于淮安区河下居委会茶巷 97 号。原主人为秦茂林，字翰卿，号竹人，盱眙人，清末举人，任河南武安知县。卸职后，在河下买下此宅并进行扩建。该宅占地 1 000 多平方米，东至茶巷，西至花巷，南北长 30 多米。秦

许氏中医宅

苏皖边区政府旧址

氏于清同治六年卒，据此可以断定此宅至少有 150 年以上历史。后该宅西半部分被商人郭稼珍买下。现存东西两个宅院。东院稍大，有前后两进房屋、东厢房、轿房及柴房共 10 间。其主屋坐北朝南，面阔 3 间 12 米，进深 7 檩 7 米，檐高 3.5 米，3 间均为木格扇门窗，保存较为完整。

11. 蝴蝶厅

位于淮安区镇淮楼东路。清道光年间常镇通海兵备道沈敦兰的书斋。沈敦兰，字彦征，浙江鄞县人，道光丙午年（1846 年）举人，曾任内阁中书、户部郎中、陕西道御史，擢江苏常镇通海兵备道加布政使行衔，解任后侨寓淮上，遂筑此宅。该厅建于清咸丰至同治年间，坐北朝南，共 4 间，正堂 3 间，明间后连 1 间"虎尾"，呈"凸"字形。前 3 间，歇山顶，抬梁式，面阔 3 间 11.14 米，进深 4 柱 7 檩 5 米，四周有廊，廊宽 1.25 米。屋前壁上曾有边长 30 厘米碑 80 余方，上刻《话山草堂》文，现收藏于区博物馆。

● 淮安抗战史迹建筑

在抗日战争期间，淮安成为苏北新四军的根据地，许多新旧建筑见证了这只抗战铁军浴血奋战的艰难历程。

1. 苏皖边区政府旧址

位于清浦区淮海南路 30 号。苏皖边区政府是中国

华中分局书记邓子恢

华中分局常委、华中野战军司令员粟裕

华中军区副司令张爱萍

边区政府主席李一氓

边区政府副主席刘瑞龙

苏皖边区政府副主席方毅

共产党领导的苏中、苏北、淮南、淮北四大解放区的民主联合政府，于 1945 年 11 月 1 日在淮阴城成立。辖区南临长江，北枕陇海铁路，东滨黄海，西迄涡河、裕溪口一线，计有 73 个县市，面积约为 10.5 万平方公里，人口 2 500 万。旧址现

华中支前司令部副政委李干成

存两个院落，占地面积6 700平方米，保存砖木结构、古色古香的房屋48间。1997年被命名为江苏省"省级爱国主义教育基地"，2006年5月公布为第六批全国重点文物保护单位。

2. 新四军军部旧址

位于盱眙县黄花塘镇黄花塘村。这里位于江淮之间、苏皖交接，北靠洪泽湖，南近高宝湖。1941年1月10日，重建后的新四军军部根据中共中央关于战略转移的指示，从阜宁县的停翅港迁驻黄花塘。当时陈毅为代军长，张云逸为副军长，饶漱石为政委，赖传珠为参谋长。新四军军部驻黄花塘长达两年多，指挥着所属七个师、一个独立旅和浙东游击队，坚持华中地区敌后抗日战争。军部原有大礼堂、办公室等用房百余间，今尚存有张云逸和赖传珠借住群众的草房6间，面积93平方米，军部参谋处办公用房3间，面积46.5平方米。在纪念新四军军部进驻黄花塘60周年之际，又修复完成政治处办公用房17间，陈毅旧居和曾山旧居各3间，面积375平方米。建成1 000平方米的黄花塘新四军军部纪念馆，系统展出了军部在华中指挥抗日战争的光辉业绩。

3. 八十二烈士墓

位于淮安市淮阴区刘老庄乡刘老庄村，1982年被江苏省人民政府公布为省级文物保护单位。

1943年3月18日，新四军某部四连八十二位战士，为了掩护当地党政机关的转移和保卫人民群众的生命安全，在淮阴县刘老庄英勇抗击日伪军千余人，从拂晓到黄昏，终因寡不敌众，全部壮烈牺牲。

战后，淮阴人民在烈士牺牲的地方建起了高达数米的新四军抗战八十二烈士墓。现在的八十二烈士陵园南北长285米，东西长271米，占地53 000平方米。拱形大门坐北朝南，上书"八十二烈士陵园"，大门两侧的挽联为李一氓所题："由陕西到苏北敌后英名传八路，从拂晓到黄昏全连苦战殉刘庄。"烈士墓塔位于陵园东部，陵园内有壮志亭和重建的八十二烈士纪念碑。

陵园大门原建于1955年，1984年在原大门南20米处重建陵园大门，新大门在建筑上基本保持原有风格，

新四军军部旧址

同时又参照彭雪枫陵园大门的格调。

壮志亭通高8米，檐高5.1米，基座直径6.1米。亭内墓碑记长达千言，由李一氓于1946年撰写，背面的"八十二烈士碑"为陈书同题写。

烈士墓塔高8米，塔基直径5米。正面为李一氓题写的"淮阴八十二烈士墓"，南北两侧分别为原新四军三师师长黄克诚"英勇战斗，壮烈牺牲；军人模范，民族光荣"和副师长张爱萍"八二烈士，抗敌三千；以少胜众，美名万古传"的题词。

八十二烈士纪念碑，于1991年六月始建，由两支钢枪架起的"人"字型，与碑座及外凸的大理石碑文一起构成了一座"八二"丰碑。碑身自上层平台至顶部，高度为1943厘米；碑座平台连同地面形成三个平台共十八级，每级踏步宽度均为318毫米，纪念碑上部的前后两面，镶嵌着鲜红的五角星，象征着八十二烈士忠党报国的赤诚之心。张爱萍为八十二烈士纪念碑题字。

2009年9月，在新中国成立60周年前夕，"刘老庄连"成为全国唯一一个以连队身份荣膺"100位为新中国成立作出突出贡献的英雄模范人物"。

4. 中共中央华中分局旧址

位于淮安区淮城镇东南角楚州中学校园内。1945年9月，抗战胜利后，华中分局在此成立，1945年10月至1946年9月一直在此办公。主要负责人有：

2011 年新落成的八十二烈士纪念馆

八十二烈士墓塔

黄克诚为八十二烈士题词

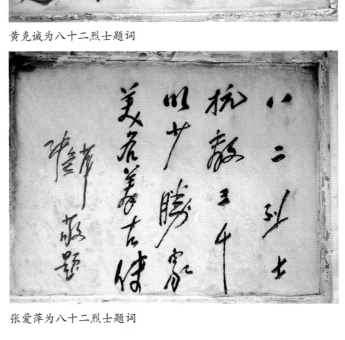

张爱萍为八十二烈士题词

书记兼军区政委邓子恢，副书记谭震林，组织部长曾山，宣传部长李一氓，民运部长刘瑞龙，社会部长李士英，联络部长杨帆，秘书长吴仲超等。这里最初是江苏省第九中学，建于1936年，主体建筑有东、中、西、南四座教学楼及礼堂9间。今华中分局旧址西楼、南楼和礼堂已拆除重建，唯剩东楼和中楼保持原貌。1987年至1988年，中楼和东楼两次进行维修。东楼7间面阔22.4米，进深15檩15米，面积706平方米。中楼12间面阔42.15米，进深9檩9米，檐高7米，面积886平方米。均为庑殿顶砖木结构两层楼，是华中地区革命斗争史的重要实物见证。1995年4月公布为江苏省第四批文物保护单位。

中共中央华中分局旧址

5. 涟水抗日同盟会旧址

位于涟水县灰墩办事处街北。相传此地为唐代规模宏大的"大善寺"，武则天为之赐名。现占地1 200多平方米，存大殿和西厢房，有房屋15间。其中大殿9间，每间面阔6米，进深5米；西厢房6间，每间面阔5.1米，进深4.3米。大善寺曾经在战争年代发挥过重要作用，苏北首家"抗日同盟会"——涟水抗日同盟会在此成立，李干成任首任会长，并在此开展革命活动。解放战争中，陈毅、黄克诚、张爱萍等曾在此指挥过战斗。大善寺不但是一处富有特色的古建筑，而且是一处重要的革命旧址。

6. 侵华日军盱城大屠杀同胞殉难处

位于盱眙县第一山公园内。1938年，日军在盱城进行大屠杀，烧毁民房800余间，杀害平民1 700多人。1996年3月7日，该殉难处被一工人挖水池时发现。白骨坑长4米，宽2米，有头颅骨近200只，头颅骨上日寇枪杀的子弹孔清晰可见，惨不忍睹，后经鉴定确认为日军盱城大屠杀时我遇难同胞遗骨。该处现建有"侵华日军盱城大屠杀遇难同胞纪念碑"。

7. 流均烈士纪念塔

位于淮安区流均镇乙卯村。1943年11月7日为纪念新四军淮宝支队挺进淮宝区抗日阵亡将士而建。塔址为长方形，占地7亩。塔身四层，方柱体，底大上小，通高10米，混凝土质，顶端屹立一持枪新四军战士塑像。塔正面朝东，第一层三面有石刻碑文，东面碑文为"陆军新编第四军淮宝支队挺进淮宝区抗

涟水抗日同盟会旧址

苏皖边区政府旧址

流均烈士纪念塔

车桥战役纪念塔

大胡庄革命烈士纪念塔

日阵亡将士纪念碑"；南面碑文为"抗日阵亡将士英名一览"（计58人）；西面碑文记颂烈士功勋，为时任盐城县县长刘烈人撰文。塔身第二层四面有当时党政军首长的题词石刻。塔四周遍栽松柏。

8. 车桥战役纪念塔

位于淮安区车桥镇北200米处。1944年3月5日至6日，新四军一师在粟裕和叶飞指挥下，于淮安（今楚州）、宝应以东打响了车桥战役，歼敌948人，贯通了苏中、苏北、淮北、淮南四大战区的联系，开辟了华中战场的新局面。1975年车桥人民自动集资建立纪念塔。烈士陵园占地4 000平方米，坐北朝南。塔基为梯形平台，高1.55米。塔身方柱体，高11米，正面叶飞题词："车桥战役英烈永垂不朽。"塔后建陈列室3间，面积80平方米。塔前建六角碑亭两座，

东碑记述战斗经过，西碑铭刻83名烈士姓名。园内遍植松柏，庄严肃穆。

9. 大胡庄革命烈士纪念塔

位于淮安区茭陵乡大胡村。1941年4月，新四军三师八旅二十四团一营二连，驻此遭涟水城六七百来犯之敌突袭，为了完成师团前哨和掩护淮安县委机关安全转移两大任务，全连指战员浴血奋战，坚守阵地6个多小时，最后除1人幸存外，有82人壮烈牺牲。由于历史的原因，大胡庄战斗一直鲜为人知，原新四军三师师长黄克诚同志一再强调这场（大胡庄）战斗和淮阴刘老庄战斗一样齐名。1981年建立纪念塔，塔高15米，方柱体，混凝土质，塔内有炮兵司令员吴信泉题词："大胡庄战斗八十二烈士永垂不朽。"

第五章　水到渠成：淮安文化精英

以淮安整体建筑风貌而言，除高等级建筑、园林外，自然还存在着风格质朴的街巷，而正是这些寻常巷陌，孕育了书写不寻常历史的淮安先贤。按其历史功绩和社会影响力衡量，并至今仍在淮安有踪迹可寻者，现依照其生卒年次序简述如下。

● 韩信（约前231– 前196年）

兴汉三杰之一，初封齐王，改封楚王，后降为淮阴侯。《史记·淮阴侯列传》记载："淮阴侯韩信者，淮阴人也。"清咸丰《清河县志》亦载："韩王庄在淮阴故城西北，与八里庄相近，韩信生焉。"淮安市现存韩信遗迹8处。

1. 韩信故里遗址

位于淮阴区码头镇。秦置淮阴县，故城在今码头镇。韩信少年时，家贫无业，曾居故城官巷，即今码头镇医院附近。韩信故里许多古迹，虽因黄河侵泗夺淮屡遭水患，但其中一部分还是得以延续保存。"韩信故里"门楼位于码头官巷，砖石结构，方形门，门宽4米，门楼正面上书"韩侯故里"，背面上书"襟带河湖"。胯下桥遗址，即韩信胯下受辱处，在官巷东。"韩信湖"在镇政府东侧。

2. 韩母墓

位于清浦区城南乡小河村，北距韩信城2.5公里，西距漂母墓3公里。司马迁当年游历中国时，曾亲赴淮阴，凭吊韩母墓，并在《史记·淮阴侯列传》道："吾如淮阴，淮阴人为余言：韩信为布衣时，其志与众异，信母死，贫无以葬，乃于行营高敞地，令其旁可置万家。余视其母冢，良然。"经过2000多年风风雨雨的侵蚀，现韩母墓墓墩仍很高大坚实，南北长25.8米，东西长26.4米，高8米，从剖面看封土共分3层，均用白膏泥与红烧土夯筑，可见此墓非一次筑成。墓的形制为大型土坑竖穴木椁墓，具有楚墓的营造风格及历史研究价值。

3. 韩信城遗址

位于清浦区城南乡韩城村。据《史记·淮阴侯列传》记载：汉高祖六年，高帝刘邦贬韩信为淮阴侯。《太平寰宇记》云："信本此县人，其冢宅处并存，受封为侯，丙筑此城。"宋元时期，于此屯兵拒敌，为淮安屏障之一，时为兵家重地。解放初期，仍见此城土阜连绵，四周环抱，长2里、宽1里，后因挖河取土之故，遗迹仅存南边城垣一段，高3米，宽45米，长约500米。下有木桩、陶片等遗物，曾出土窖藏宋元瓷器。原城旧址有水井72口，东门外有一丈多高的韩信阅兵台，因历史上黄淮泛滥，水井淤塞，阅兵台也无痕迹。《民国淮阴志征访稿》上载明杨茂咏《韩信城》诗一首。

4. 韩信钓台

位于淮安区萧湖边古枚里街、里运河东侧。明万历年间建，清同治年间重修，1982年再修，相传为韩信钓鱼处。在该台正西方入口处竖有一石牌坊，1间2柱，面阔3.2米，柱高4米，高3米处上有横坊，上书"钓鱼台"三字。过牌坊沿台阶而下，至萧湖边即为钓台。台上立有石碑，宽1.1米，高1.8米，正面镌"韩侯钓台"四字，乃明嘉靖辛丑年（1541年）状元沈坤所书，背面刻钓台简介，

韩信故里1

韩信故里 2

碑嵌墙中，墙高 4.5 米，宽 2.7 米，下有台基，上有瓦檐。台畔碧水泱泱，绿树掩映，环境优雅。

5. 韩侯祠

位于淮安区镇淮楼东路 13 号。祠始建于唐代，明代重修，1982 年再修。该祠现为一方形院落，面南，大门楼额有费新我所书"汉韩侯祠"4 字。门前通道两边遍植松柏。尽北端为祠堂 3 间，硬山造，抬梁式，面阔 3 间 12.4 米，进深 9 檩 7.5 米，檐高 3.5 米，廊宽 1.5 米。祠内高悬"兴汉三杰"、"国士无双"、"大哉淮阴"、"精白乃心"等匾额，塑有韩信戎装站像，两壁镶嵌明清名人纪念韩信的题词石刻。祠内气氛肃穆，是淮安有关韩信的纪念建筑之一。

6. 胯下桥牌坊

位于淮安区胯下桥街中部。当年韩信漂泊在淮阴大街上的时候，"屠中少年有侮信者"把他当道拦住挑衅，

韩信忍辱负重，钻入胯下，群氓的欺侮更激起了他建功立业的鸿鹄之志。后人竖立牌坊，在赞扬韩信的同时，教谕那班喜欢嘲弄英雄的小人须懂得羞耻。此牌坊始建于明万历年间，清同治丁卯年（1867 年）重修，1978年再修。今有高 8 米、宽 4 米木牌坊一座，匾额上书"胯下桥"三字，系清道光年间书法名士周寅（木斋）所书。

7. 漂母祠

位于淮安区萧湖边古枚里街、里运河东侧。当年，韩信年少落魄时，曾钓于淮阴城下，一漂母见信饥，予食数十日，并激励其上进。漂母是中国女性仁慈善良的典范，既不愿受报，又不愿留名，襟怀坦白，识见坚卓。漂母祠始建于明代，清代屡有修葺。现祠为 1982 年修建，面南，占地 800 平方米。享殿为硬山造，抬梁式，面阔

漂母祠

3间11.3米，进深7檩6米，檐高3.2米，殿中神台塑漂母及左右侍像3尊。东墙面西塑有少年韩信提篓持钓竿像一尊。

8. 漂母墓

位于淮阴区码头镇泰山村，西距码头镇1.5公里，东距二河1.5公里，隔二河与韩母墓相望。旧时因其左边有一东岳庙，故又名泰山墩。

在码头镇泰山村原来还有漂母祠，当时的祠堂前临淮水，庙画母像，门额上横写道：千金一妪。联云：姓名隐同黄石远，英雄设在赞侯先。

1958年，在开挖淮沭新河的时候，据说最初的蓝图上，漂母墓正处于即将开挖的河道的中心。周恩来总理在审批报告和设计图时，发现了这个问题，立即找有关方面商量，要求在不影响全局的情况下将河道偏移，以保住漂母墓这一处古迹不受破坏。

历代曾在墓的周围树碑多块，维护有加，现存两块：一为护墓碑，光绪三十二年（1906年）立，高0.94米，宽0.42米，厚0.16米，正中镌刻"漂母古墓，禁止取土"八个大字，旁书小字："光绪三十二年四月十三日遵奉县宪李批出示，严禁并责成该处乡保实力保护，苏方庸、周淼、李玉樵敬立。"另一为墓志碑，民国十九年（1930年）立，碑高1.26米，宽0.58米，厚0.18米，中刻行书"漂母墓"三个大字，左右两侧刻叙文小字："漂母佚其姓名，考史记载，韩信钓于淮阴城下，诸母漂，有一母见信饥，饭信，竟漂数十日。信曰：'吾必以重报母'，母怒曰：'大丈夫不能自食，吾哀王孙而进，岂望报乎？'后信为楚王，吕所从食漂母，赐千金。以一夫人能识英雄于草泽，既不愿受报，且不愿留名，其襟怀坦白，识见坚卓，诚非须眉所能跂及者，兹是反有其墓，荒烟蔓草，

漂母墓近景

漂母墓护墓碑

渐就淹没，爰为泐石，永作纪念，亦保存古迹之一端也。"

漂母墓墓址周长130米，墓高15.8米，顶部直径4.1米，底部直径52米，数里可见，墓周植有松柏，有保护区。

1987年漂母墓被公布为市级文物保护单位，2002年被公布为省级文物保护单位。2010年1月12日被确定为"江苏省母爱文化教育基地"。

● 枚乘（？－前140年）

西汉辞赋家，河下人。枚乘因七国叛乱前后曾两次上谏吴王而显名。文学上的主要成就是辞赋，《汉书·艺文志》著录"枚乘赋九篇"，刘勰在《文心雕龙·杂文》中说："观枚氏首唱，信独拔而伟丽矣。"其子枚皋亦以文名。今淮安区河下莲花街西里运河堤边有纪念枚氏父子的枚亭。亭始建于明代，以后历代皆有修缮原建有方孔门楼，石质，镌刻有"枚皋故里"四字，惜毁于抗日战火。枚亭呈正方形，高3.5米，边长2.8米，青砖黛瓦、翘檐飞角，古色古香。亭中立一白矾石碑，高1.8米，宽0.6米，上镌"古枚里"三字，背面有枚里简介。

枚乘故里今景

枚亭

梁红玉祠

● 梁红玉（1102–1135 年）

宋楚州北辰坊人（今新城村人），史书中不见其名，只称梁氏。北宋后期，金兵南犯，其随家人南迁，与著名抗金将领韩世忠结为夫妇，开始戎马生涯，后因功勋卓著，被封为安国夫人。淮安区礼字坝东南环城路边立有梁红玉祠。原祠已毁，今祠为 1982 年修复。祠东西长 19.56 米，南北宽 30.53 米，占地面积 591.17 平方米。围墙南门门楣上有已故女书法家萧娴所书"梁红玉祠"四字。主体建筑为享殿三间，面阔 3 间 10.5 米，进深 9 檩 7 米，殿中神台置 1.7 米高梁红玉戎装佩剑塑像，塑像西侧为著名书法家杨修品所书"也是红妆翠袖，然而青史丹心"对联一副。

● 吴承恩（约 1504–1582 年）

字汝忠，号射阳山人，祖籍安东（今涟水），后居山阳（今淮安区），明代著名神话小说《西游记》作者。淮安市现存吴承恩史迹 2 处。

1. 吴承恩故居

位于淮安区河下居委会打铜巷内。故居现占地面积 13000 平方米，有门厅、书房、堂屋、客房等各类房屋 23 间，建筑面积约 500 平方米。正厅为硬山顶，抬梁式，面阔 3 间 11.8 米，进深 7 檩 8 米，檐高 4 米，上悬赵朴初题匾"射阳簃"，下置根据吴承恩头颅骨复制的仿铜半身塑像，并陈列吴承恩撰写的墓志铭、扇面，以及各种版本的《西游记》。

2. 吴承恩墓

位于淮安区马甸乡二堡村。墓于 1982 年修复，封土直径 5 米，高 1.4 米，碑高 1.5 米，上书"荆府纪善吴承恩之墓"（吴承恩曾任湖北"荆府纪善"一职）。墓南建有四柱三门牌坊，柱高 8 米，横坊书"吴承恩墓"。墓西南建有飞檐翘角四方纪念亭一座。墓区占地约 2000 平方米，植有蜀桧、垂柳数十株，气氛肃穆，

吴承恩故居

吴承恩墓

景色怡人。2006年6月公布为江苏省第六批文物保护单位。

● 关天培（1781–1841年）

淮安府山阳县人。道光十四年（1834年）任广东水师提督。1841年1月25日虎门抗敌不幸以身殉国,时年62岁,遗体被运回故里安葬,并建祠纪念。

1. 关天培墓

关天培墓在淮安区城东乡南窑村三里塘。墓为块石水泥结构,周长76米,直径24米;墓径4.3米,高1.35米。碑高1.75米,宽0.5米,厚0.12米,刻文"关忠节公天培之墓"。

2. 关天培祠

关天培祠在淮安区镇淮楼东侧县东街32号,为临街小院,坐北朝南,前门楼书"关忠节公祠",两侧回廊陈列着关天培的生平业绩,后有享殿3间,硬山顶,面阔9.85米,进深7檩5.6米,檐高3.5米。明间设神坛,上有关天培官服坐姿塑像,一对亲随执剑捧书侍

关天培祠

关天培墓

立两旁。殿门左右悬挂着林则徐"待罪广州"时闻关天培捐躯噩耗后撰写的木刻挽联。1982年3月调整公布为江苏省第一、二批文物保护单位。

● 左宝贵（1837–1894年）

字冠廷，清代著名抗倭民族英雄山东费城人，长期寄居淮安河下。早年投身行伍，历任守备、游击、副将，并加总兵衔。光绪元年（1875年）统兵驻守奉天20年，中日甲午战争中为保卫平壤而壮烈捐躯。后人将他的血衣和一只朝靴运回，遵奉朝廷旌表和回族葬礼，在河下罗家桥以西的圩河东岸为他下葬，并建"左忠壮公祠"。现祠已不存。左宝贵墓位于淮安区淮城镇河下村罗家桥西圩河东岸。墓为土墓，直径约2米，高约1.5米，旁有其妻陶氏和养子之墓。

左宝贵墓

● 吴棠（1813–1876年）

字仲宣，号棣华，盱眙人，清同治二年（1863年）实授漕运总督，与直隶总督李鸿章、两江总督曾国藩、陕甘总督左宗棠等疆臣齐名。吴棠在咸丰年间"声振江淮"，李鸿章誉之为"天子知名淮海吏"，翰林院编修钱振伦称其督漕期间"以民慈父，为国重臣。江淮草木知名，天下治平第一人"。他一生勤政为民，实心任事，尊师重教，清正廉明，故逝世后，淮安官民于清光绪三年（1877年）建吴公祠。祠位于清浦区轮埠路141号，北邻里运河，西毗清江文庙，东望斗姥宫，南与楚秀园一路之隔。占地面积约600平方米，

吴公祠的重要题刻局部

吴公祠

祠内有殿宇 3 座。前殿 3 间，面阔 10.4 米，进深 6.9 米，悬山顶，明间高出 0.2 米，另起垂脊。中殿 3 间，悬山顶，开天窗 2 个。后殿 3 间，悬山顶。中殿墙上嵌有建祠记事碑石两方，书法洒脱，保存完好。对研究清代漕运史、水利史很有价值，也是一处具有淮安特色的优秀纪念建筑。

● 刘鹗（1857–1909 年）

字铁云，号老残。原籍丹徒，20 岁随父移居淮安。他博览群书，通晓天文、数学、医术、音律、水利，知识繁富。所作小说《老残游记》脍炙人口。在殷墟甲骨文字学研究亦有建树，一部《铁云藏龟》曾轰动全球。刘鹗故居位于淮安区西长街北端。故居占

地 826.93 平方米，三进院落，现有房屋 11 间，主建筑画杉大厅始建于明代，面阔 3 间 11 米，进深 7 檩 7.85 米。刘鹗墓位于淮安区七洞乡大后村，墓区面积 400 平方米，土墓，高 1.2 米，底直径 4 米，有高 1.7 米、宽 0.5 米白矾石墓碑一方，上镌：清刘铁云先生之墓。

● 罗振玉（1866–1941 年）

字叔蕴，号雪堂，原籍浙江上虞，生于淮安。清末民初著名的金石学家，与刘鹗交往很深，后成为儿女亲家。著述甚丰，主要有《敦煌石窟记》、《殷墟书契简编》、《殷墟文字书契类编》、《殷墟古器物图录》、《秦金石刻辞》等。其与王国维合著的《流沙坠简》，是中国近代学者研究简牍的发端。罗振玉故居位于淮安区城区罗家巷。故居现存青砖小瓦平房 9 间，其主堂屋 3 间，坐北朝南，硬山造，抬梁式，面阔 11.3 米，进深 5.8 米，檐高 2.8 米，保存尚好。

● 王瑶卿（1880–1954 年）

名瑞臻，字雅庭，祖居清江浦。著名京剧表演艺术家和教育家，幼入梨园，及长献艺禁中，颇负时名。后技益精纯，汇融青衣、花旦、刀马成花衫一行，又喜创新腔，名倾京师。他常回家乡宁绍会馆演戏，并

刘鹗故居

王瑶卿故居

居住于此。中年后以病嗓而专致力于授徒，造就了"四大名旦"等众多名家，被京剧界誉为"通天教主"。

王瑶卿故居位于清浦区人民小学后院，系由火星庙街7号移建于此。现存坐北朝南主屋，青砖小瓦，硬山造，抬梁式，面阔3间11.3米，进深7檩7.2米，檐高3米，内陈列王瑶卿生平事迹。

● 周信芳（1895–1975年）

名士楚，艺名麒麟童。祖籍浙江慈溪，生于清江浦，其母淮阴人。七龄登台，著名京剧艺术大师。"九·一八"事变起，编演《文天祥》、《明末遗恨》等爱国戏。沪战后，参加上海抗日救亡协会。他勇于创造革新，艺风

周信芳故居陈列馆戏台

周信芳艺术生平陈列区一隅

故居票友活动室

独特，影响甚广，世称"麒派"。周信芳故居位于清浦区虹桥东，于1995年1月14日周信芳百年诞辰之际修复并对外开放，占地200平方米，为面阔11米、进深9.6米的青砖黛瓦平房。院内纪念碑高2.4米，宽1.8米，镌刻其生平介绍及出生地考略。纪念碑廊长12米，宽1.5米，刻有郭沫若、茅盾、刘海粟等名家题词诗文21块。2003年3月公布为淮安市第二批文物保护单位。

● 周恩来（1898－1976年）

开国总理周恩来是淮安历史上最伟大的政治家，具有传统美德和现代眼光，尤其具有淮安人的儒雅、大度和坚韧，受到亿万人民的爱戴，并在国际上享有崇高的声誉。淮安市现存周恩来史迹4处。

1. 周恩来故居

位于淮安区驸马巷7号。1898年3月5日，周恩来诞生在这里，1910年，周恩来离开故乡前往东北求学。周恩来逝世后，故居进行了整修，并于1979年3月5日正式对外开放。1984年12月11日，邓小平题写"周恩来同志故居"匾额。故居是一座典型的中国传统民居院落，占地面积4602平方米，建筑面积1797平方米，共有大小房屋32间，青砖灰瓦木结构，由东西两个宅

周恩来童年读书旧址

周恩来故居

周恩来祖茔地

院组成。东宅院是周恩来诞生及童年读书和生活的地方，西宅院有周恩来八婶母杨氏住房。两院之间有主堂屋、嗣母陈氏住房、乳母蒋江氏住房、一座亭子间、一间厨房、一口水井和一块小菜地。院落内长有两株百年榆树和一株观音柳。1988年1月公布为第三批全国重点文物保护单位，1996年9月被命名为"全国中小学爱国主义教育基地"。

2. 周恩来童年读书旧址

位于清河区漕运西路174号，是周恩来6岁至10岁读书和居住的地方。1904年，周恩来6岁时，和两个弟弟随生母万氏、过继母陈氏及乳母蒋江氏，迁到

清江浦十里长街河厅巷外祖父万青选家居住，一直到1907年秋冬。周恩来的外祖父万青选任清河知县时，家有书房，成了周恩来汲取知识的宝库。旧址房屋，建于清末民初，坐北向南，系砖木结构小瓦平房。南院过继母陈家房屋，建筑面积200平方米，有周恩来童年私塾馆、陈列室；西院张家14间房屋，建筑面积337平方米，有周恩来的父母居室、乳母居室、过继母居室、水井和一株百年腊梅。旧址门前为周恩来雕塑广场，大门楼上悬挂着原中共中央政治局常委、国务院总理李鹏1997年12月题写的"周恩来童年读书旧址"匾额。1995年4月公布为江苏省第四批文物保护单位。

3. 周恩来祖茔地

位于淮安区城东乡闸口村夏庄组。坟地为周恩来的祖父周攀龙所购，面积约300多平方米，19世纪中叶起先后建有周家坟墓7座，安葬着周恩来的祖父母、生母、嗣父母、八叔父母等13位亲属。早在1953年春，周恩来就向当时的淮安县委提出过"平掉祖坟，把坟地交集体耕种"的意见。1958年夏，又亲笔致函淮安县委，要求对其祖坟棺木"采用深葬法了之"。1964年冬，责成侄儿周尔萃专程回乡，至坟地平坟深埋棺木。春节后，周恩来又给祖坟所在地生产队汇款，补偿劳务及青苗损失。

周恩来纪念馆外景

周恩来纪念馆内景

4. 周恩来纪念馆

坐落在淮安区东北桃花垠的一个三面环水的湖心半岛上,四面环水,清波荡漾,总建筑面积3265平方米。设计者为当代著名建筑师齐康。纪念馆由主馆和辅馆两部分组成。主馆底部基台呈方梯形,而馆体呈八棱柱体,在庄严中具有动感,喻示周恩来数次在生死存亡关头所起的扭转乾坤的作用;基台周围由四根巨大的花岗岩石柱撑起锥形大屋顶,寓意他最早提出建设社会主义祖国四个现代化的千秋大业。与主馆相呼应的辅馆呈"人"字形展开,标志着周恩来伟大崇高的人格,并含蓄地表达了周恩来永远活在人民心中。整个建筑造型庄严肃穆,形式朴实典雅,既有传统的民族风格,又有现代建筑特色,建筑的每个部分寓意深蕴,体现着设计者匠心独运,表达了亿万人民缅怀周总理的心愿。

除上述十二大名人之外,淮安尚存许多有影响的历史名人史迹,如:位于淮阴区王营镇的琉球国京都通事郑文英墓;位于涟水县城五岛公园内的米公洗墨池;位于淮安区淮城镇上坂街的汉楚元王庙;位于涟水县南集乡长浦村的嵇安墓;位于淮安区马甸乡十五里桥村的李宗昉墓;位于淮安区淮城镇更楼东街西端的杨士骧故居,以及位于淮安区建淮乡孙赵村的杨士骧墓;位于淮安区河下姜桥巷的裴荫森故居;位于淮安区南门大街元件厂内的秦焕故居;位于淮安区镇淮楼东路的谈荔孙故居;位于清浦区西大街淮阴中学北院的李更生故居;位于淮安区东长街楚州医院内的朱占科故居等。

周恩来纪念馆题字

周恩来纪念像

万达广场

中篇——文化传承与繁荣

文化是城市的灵魂，城市是文化的表现。有着千年文明历史的古城淮安，在繁荣经济、提升发展、建设家园的同时也投身当代城市化发展。特别是在充分挖掘历史文化资源、建设有个性的城市文化形象、开展丰富多彩的公众文化活动等方面，已成为普惠民生一系列文化的"亮点"工程。如今，繁荣文化产业、培育有竞争力的文化产品、展现城市极具特色的魅力形象，更使历史名城淮安伴随着现代化建设的步伐，向海内外释放出无穷的文化魅力。

第六章　城市文化设施建设

近年来，淮安市委、市政府高度重视文化艺术基础设施建设，全社会投入34.5亿元人民币，新建设文化艺术设施总面积达到241 519.4平方米，实现了"县有两馆、乡有一站、村有一室"的目标，四级文化艺术服务网络初步形成，万人拥有公共文化艺术设施面积达1 192平方米接近"十二五"末全省平均水平。各县区也不断加大公共文化艺术设施建设力度，使公共文化艺术阵地有了新发展。相继建成开放了淮安区文化艺术馆综合大楼、金湖县图书馆、涟水县图书馆、盱眙县图书馆和文化艺术馆综合楼。特别是2005年12月30日落成使用的洪泽县文化艺术中心，总投资4 000万元、建筑面积16 220平方米，包括了文化艺术馆、图书馆、博物馆、会展中心，是集艺术培训、文艺演出、图书借阅、电子阅览、文物收藏与研究、会议接待、健身休闲、文化艺术娱乐等多功能为一体的综合性文化艺术设施，已成为洪泽县城的标志性建筑。

淮安市、县（区）文化艺术馆充分发挥群众文化事业的龙头作用，承办和参与各类大型群文活动，开展文化艺术下乡活动，推动农村基层文化艺术事业发展，繁荣活跃文艺创作，同时利用现有场所，设立了不同艺术门类的培训、辅导和活动室，办班培训工作有序、活跃、正常开展。2010年，淮安市制定了《淮安市乡镇文化艺术站星级管理办法》，对各县区文化艺术站进行量化考核，保证乡镇文化艺术站顺利运行。同时，以创建星级示范农家书屋为抓手，实施农家书屋提升工程，确保2011年全市50%以上的农家书屋，达到省新闻出版局公布的星级示范农家书屋的标准，并通过考核验收。

淮安市已经在所有行政村实现了20平方米以上"农家书屋"的全覆盖，使最基层的农村群众在家门口也能享受到基本的文化艺术服务。公共文化艺术设施建设是文化艺术惠民工程的重要内容，说到底是为了保障人民群众的基本文化艺术权益，让文化艺术繁荣惠及全淮安市百姓。周恩来纪念馆、周恩来故居、淮安市博物馆等多家博物馆、纪念馆免费开放，为构建覆盖城乡、惠及全民的公共文化艺术服务体系迈出了重要一步。各免费开放单位秉承"内引外联，创新发展，展出精品，服务大众"的精神，纷纷举办形式多样、内容丰富的展览，吸引更多的参观者走进博物馆、纪念馆，接受爱国主义教育和传统文化艺术的熏陶。据不完全统计，两年多来免费开放的博物馆、纪念馆和爱国主义教育基地，已免费接待各界参观者800余万人次，参观人数较以往翻了几倍甚至十几倍。全市县（区）两级七个公共图书馆藏书总量128.79万册，大部分实现计算机管理。为了更广泛地开展群众性阅读活动，加快淮安"阅读城淮安市"的建设，2011年淮安市委、淮安市政府投入100多万元建成汽车流动图书馆，已于2011年"4·23"世界读书日期间试运行。流动图书馆现有两辆流动服务车，开架藏书杂志达5 000余册，车内设有电脑多媒体设备、移动阅览装置等。目前，淮安市、县（区）图书馆在搞好阵地服务的同时，认真实施知识工程和文化艺术信息资源共享工程，传播先进文化艺术和现代科技知识，倡导和普及全民读书活动，营造创建学习型社会的浓郁氛围。

淮安里运河雪景

● 博物馆、纪念馆

淮安市现有博物馆、纪念馆 45 座，其中博物馆 24 座，纪念馆 21 座。这其中既有文物建筑，又有新建工程，既有反映地方特色和文化的内容，又有记述历史发展和著名人物事迹及成长的介绍，内容非常丰富。

淮安市主要博物馆名单

序号	单位名称	归口管理部门、单位
1	淮安楚州博物馆	淮安区文化局
2	淮安府衙	淮安区文化局
3	盱眙县博物馆	盱眙县文化局
4	龙虾博物馆	盱眙县委宣传部
5	盱眙历史文化博物馆	盱眙县人民政府
6	盱眙地质博物馆	盱眙县人民政府
7	淮安市博物馆	淮安市文广新局
8	洪泽湖博物馆	洪泽县文化局
9	淮水安澜博物馆	淮安入海水道管理处
10	淮扬菜美食博物馆	清河区政府
11	淮河文化博物馆	盱眙县政府
12	淮安水利博物馆	淮安市水利局
13	中国漕运博物馆	淮安区政府、文化局
14	淮安名人馆	淮安市文物局
15	淮安戏曲博物馆	淮安市文物局
16	淮安运河楹联馆	淮安市文物局
17	大运河名人馆	淮安市文物局
18	西游记博览馆	清河区政府
19	淮安城市规划馆	淮安市规划局
20	城市博物馆	清河区政府
21	民间艺术收藏馆	运河博物馆群 私人
22	瓷器陈列馆	市区（私人）
23	酒器陈列馆	淮安（私人）
24	中共中央华中分局旧址纪念馆	淮安区楚州中学

淮安市主要纪念馆名单

序号	单位名称	归口管理部门、单位
1	吴承恩纪念馆	淮安区文广新局
2	车桥烈士陵园	淮安区文化局、民政局
3	刘鄂故居	淮安区建设局
4	梁红玉祠	淮安区建设局
5	汉韩侯祠	淮安区建设局
6	楚州烈士陵园管理处	淮安区民政局
7	新安旅行团历史纪念馆	淮安区教育局
8	钦工横沟寺暴动历史陈列馆	淮安市委
9	陆军新编第四军淮宝支队挺进淮宝区抗日阵亡将士纪念塔	淮安区民政局
10	关天培祠	淮安区民政局
11	盱眙黄花塘新四军军部纪念馆	盱眙县文化局
12	盱眙县革命烈士纪念馆	盱眙县民政局
13	苏皖边区政府旧址纪念馆	淮安市文广新局
14	周恩来纪念馆	周恩来纪念地管理
15	周恩来故居	周恩来纪念地管理
16	周恩来童年读书旧址管理处	周恩来纪念地管理局
17	刘老庄八十二烈士陵园	淮阴区民政局
18	涟水战役纪念馆	涟水县民政局
19	吴公祠	清浦区文广新局
20	陈潘二公祠	淮安市文广新局
21	金湖县历史陵园	金湖县民政局

1. 中国淮扬菜文化博物馆

中国淮扬菜文化博物馆于 2009 年 7 月 8 日开工建设，2009 年 10 月 9 日建成开馆，是中国最大的以菜为主题的文化博物馆。博物馆共有 3 个馆区、5 个部分，展馆面积 6 500 平方米。博物馆由"河馆"（展示与菜文化相关的古黄淮河、运河等文化）、"菜馆"（陈列展示淮扬菜文化）、"民俗馆"（展示与菜文化相关的民俗文化）和"学艺馆"（互动学习淮扬菜的制作及品尝美食）四大功能区组成，集学术性、知识性、趣味性、参与性于一体。而颇具创意的是，博物馆在传统展陈方式基础上，通过声、光、电、动漫等现代科技手段，再现淮扬菜发源、发展、承继、创新到鼎盛的悠久历史进程，成为传播淮扬菜美食文化的重要窗口和研究基地。

馆区有介绍淮扬菜的各种书籍，还有党和国家领导人关心淮扬菜发展的珍贵照片。淮安软兜、清蒸鲥鱼、清炒虾仁、扬州炒饭、蟹粉狮子头、千层油糕等淮扬名菜、名点精美的菜模，民国年间担挑食盒等珍贵实物也得到展示。

中国淮扬菜文化博物馆展示了淮扬菜"萌生于春秋，雏形于汉魏、发展在唐宋，繁荣在明清"的历史脉络，充分显示了淮扬菜之乡的深厚饮食文化底蕴。

2. 淮安市博物馆

淮安市博物馆是一座综合性历史博物馆，是淮安市文物收藏、陈列和考古研究中心，创建于 1959 年，馆藏文物丰富，分陶瓷器、玉石器、青铜器、钱币、书画等诸多门类。其中，尤以 1978 年高庄战国墓出土的刻纹青铜器、青铜马车饰件、双囱原始瓷带盖熏炉等战国重器，2004 年运河村战国墓出土的木雕鼓车，徐伯璞先生 1984 年捐赠的近现代名家书画为馆藏特色。

博物馆主体是一座融古典风韵和时代气息为一体的宏伟建筑，是淮安市展示精神文明形象和凸现历史文化名城特色的一处重要窗口。全馆以《国家历史文化名

中国淮扬菜文化博物馆日景

中国淮扬菜文化博物馆夜景

中国淮扬菜文化博物馆内景 1

中国淮扬菜文化博物馆内景 2

中国淮扬菜文化博物馆内景 3

中国淮扬菜文化博物馆室外细部

中国淮扬菜文化博物馆内景 4

城——淮安》大型展览为基本陈列，共分为人文初开、楚韵汉风、南北锁钥、漕运中枢、盐榷重关、河务关键、英杰辈出七个单元，彰显地方文化底蕴。三、四楼分别设有《谢冰岩书法艺术馆》、《谢铁骊电影艺术馆》、《徐伯璞捐赠书画陈列馆》、《曹子芳捐赠书画陈列馆》四个不同的专题展馆。一、二楼分别设有一个设施先进的多功能厅和临展大厅，不定期举办学术交流和馆际交流，承接各类学术会议和承办各种不同类型和题材的临时展览。

3. 中国漕运博物馆

中国漕运博物馆坐落于淮安市淮安区古城中心明清总督漕运部院遗址北侧，是通过文物展示和体验式多媒体场景相结合反映漕运主题的大型专题博物馆。

漕运博物馆建筑总面积 6 300 平方米，总投资近亿

淮安市博物馆

高庄战国墓出土的双囱带盖原始瓷熏炉

汉代绵羊灯

淮阴高庄战国墓出土车舆铜饰件

《历史文化名城——淮安》大型基本陈列

徐伯璞捐赠的徐悲鸿《立马图》

在恒温恒湿展柜中展出的淮安运河村战国墓木雕鼓车原件

《历史文化名城——淮安》陈列

徐伯璞捐赠书画陈列馆

元，其中陈列布展4 000万元。地面主体建筑两层，南北长33.6米，东西宽34.8米。采取明清时期建筑风格，总体为"品"字形布局；东侧建筑为临时展厅，西侧为多功能报告厅，中间为门厅及部分服务空间。地下局部一层，面积5 000多平方米；南北长67.2米，东西宽66.8米；有三个展厅和办公配套用房及文物库房。

2011年4月8日对外开放，受到了社会各界人士的好评。

中国漕运博物馆的建成，不仅极大丰富了淮安古城中轴线旅游景区的建设，改善了市中心的环境风貌，同时对优化城市功能，提升城市品位，展示城市魅力，促进文化旅游发展，推动和谐文化建设具有十分重要的意义和作用。

淮安漕运总督署正门

中国漕运博物馆

中国漕运博物馆内景 1

中国漕运博物馆内景 2

古漕运商铺复原展示 1

古漕运商铺复原展示 2

淮安运河博物馆藏珍贵文物——唐代佛陀造像

元青花缠枝牡丹纹盖罐

绿釉划花兽形足香炉

粉彩青花八宝碗

黛玉葬花粉影雕瓷像

麒麟纹玉佩

曼生紫砂壶

景泰蓝茶盅

斗彩龙纹小杯

影青荷叶口刻花尊

哥窑立式炉

田黄狮钮印

绿釉滑花吉州窑瓷枕

楚州博物馆

4. 大云山汉墓博物馆

大云山汉墓博物馆由东南大学建筑设计院院长王建国教授主导设计，位于盱眙县马坝镇云山村大云山汉墓遗址南 250 米。

博物馆建筑设计围绕"雍容大度，地域天成；高台思远，汉室巍峨；中庭开合，天人合一"的理念来开展。庄重大气的建筑主体和平易近人的广场完美结合，双阙拱卫、天人合一的三层通高中庭空间、整体瓦面单坡、外敷石质建材的博物馆建筑形态准确表达了汉风建筑的雄浑厚重、简约质朴和雍容大气；广场设置南北长向矩形景观水池，取"风生水起"之意。

大云山汉墓博物馆规划占地面积约 30 000 平方米，总建筑面积约 12 050 平方米，总投资约 1 亿元，是一个集展览、研究、教育、储藏、办公于一体的综合性遗址博物馆。

大云山汉墓博物馆一号墓全景

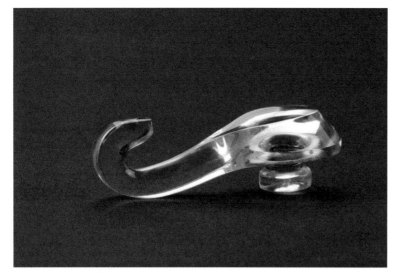

水晶带钩

鎏金鹿灯

博物馆效果图

清河区中国城市化史馆

中国城市化史馆内景

● 城市新建文化设施

除了建设有特色的博物馆、纪念馆之外，淮安市还先后建设了一大批公共文化设施，为开展与普及群众文化活动，提高人们的文化生活水平，搞好社会主义精神文明建设，传承、弘扬优秀的民族传统文化提供了良好的条件；同时也繁荣发展了现代城市建设，为古老的文化之城注入了时代活力，用现代建筑语言打造出淮安新的城市"名片"。

中国城市化史馆展厅内景 1

1. 中国城市化史馆

淮安中国城市化史馆坐落在风光秀丽的古淮河文化生态产业园区内（国家 4A 级景区），占地 36.5 亩，总建筑面积 3.6 万平方米。西邻新长铁路、东接宁连一级高速公路、北毗古淮河南岸、南望七星生态商务岛，周围环境优美、风景如画。包含了三个分

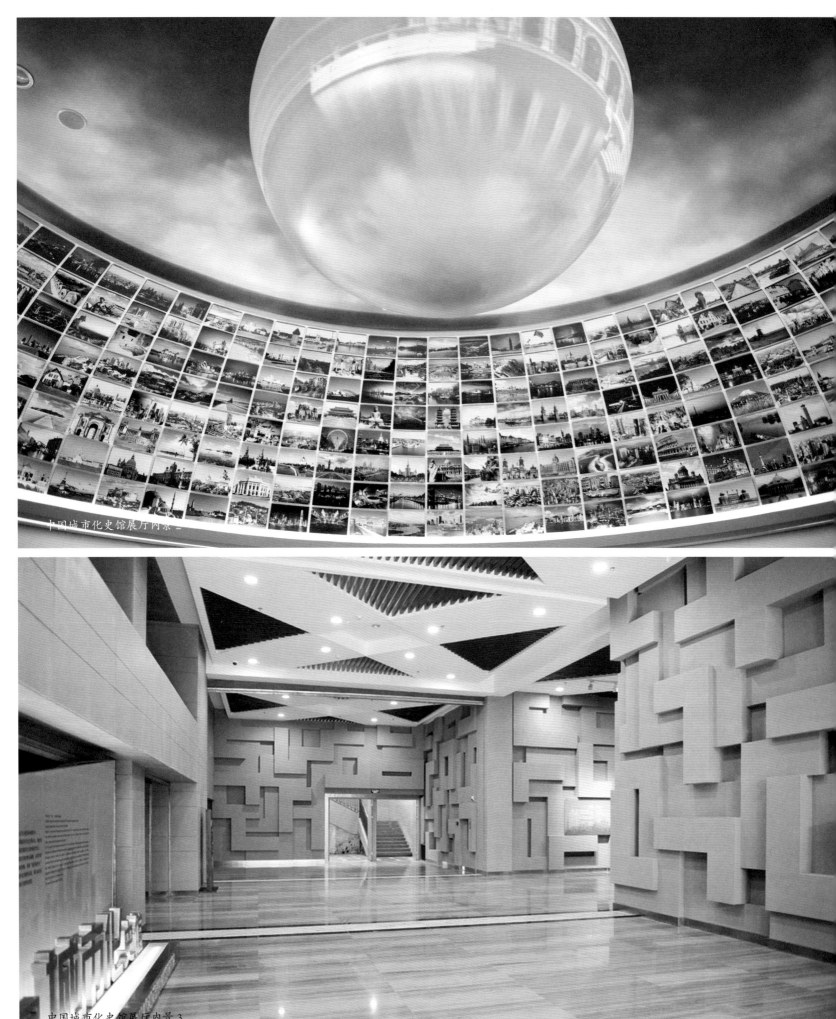

中国城市化史馆展厅内景2

中国城市化史馆展厅内景3

中国城市化史馆展厅内景4

中国城市化史馆展厅展览5

中国城市化史馆郎景山摄影艺术馆

中国城市化史馆内部展览空间

郎静山故居

郎静山故居现状

郎静山摄影展内景

郎静山摄影展全景

展馆，即中国城市化史馆、郎静山摄影艺术馆、淮安国际摄影馆。它是一座集展示、研究、宣传、教育、交流中国城市化历史发展进程、郎静山摄影艺术成就、国内外摄影大师一流作品于一体的综合性博物馆，也是研究淮安建设苏北重要中心城市、探索淮安清河特色城市化之路的高端平台、沟通海峡两岸文化交流的重要桥梁、国际摄影文化交流的研究基地。

2. 国际会展中心

位于水渡口中央商务区，占地 2.8 万平方米，地上建筑面积 5.5 万平方米，展览大厅布展净面积 14 000 平方米，净高 15.5 米，承重 3 吨 / 平方米，可设 800 多个国际标准摊位。在功能上除会展外，增加体育、健身、休闲、商务办公等多重叠加功能，使会展中心多功能性得到充分体现，是一个集展览、办公、会议、购物和娱乐于一体的综合大型建筑。

淮安市国际会展中心效果图

淮安市国际会展中心

淮安市国际会展中心正立面

3. 淮安书城

位于淮海广场中心商业区东北片区，于2006年建成，主体建筑19层，建筑高度72.8米，地上建筑面积28 600平方米，底部4层商业裙房，主要从事各类图书、电子电教器材经营，5层以上均为办公用房，是中心商业区首个商业办公高层建筑项目。

4. 淮安电信大厦

位于水渡口西北角，面朝翔宇大道，是淮安市建成最早的百米以上高层大楼，曾一度是水渡口的地标建筑。总占地面积为9 700平方米，地面建筑面积约为3.5万平方米，主体建筑高度128米，层数为32层，为江苏电信淮安分公司总部营业厅及办公大楼。

淮安书城

淮安电信大厦

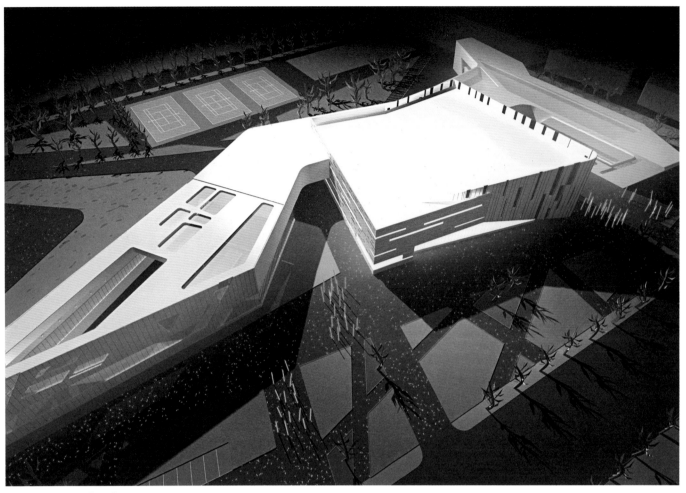

经济开发区文体中心鸟瞰效果图

5. 经济开发区文体中心

经济开发区文体中心是淮安市"大文化"建设项目之一，也是为完善城市功能、提升城市品味、造福居民文体生活而建设的一座以体育健身、文化服务为主，兼顾会议、展览等多种用途的文体主题公园。该项目占地 106 亩，主要由两部分构成，一部分是由游泳馆、综合馆（演艺、集会、举办各类文体赛事活动等）、青少年活动中心（图书阅览、各类文体培训和乒乓球室等小型活动室）三馆组成的呈海鸥展翅形的主体建筑，建筑面积 21 000 平方米；另一部分是占地 70 余亩的室外公园、广场。

6. 古黄河湿地公园

古黄河湿地公园是 2010 年市政府十大惠民实事工程，该项目位于淮安经济开发区与淮阴区、清河区交界处，古黄河南侧、大同路北侧，占地近 3 600 亩，项目总投资约 3.5 亿元。

古黄河湿地公园着力营造自然生态的湿地景观，以生态草坡、森林景观、湿地草坡、湿地水景为主，提升古黄河南岸城市面貌。而古黄河纪念灯塔、景观桥、湖心小岛、亲水码头、弧形景墙、假山、瀑布、沙滩和相关配套设施等，为市民提供广阔的休闲、健身、娱乐场所，有效地提升城市品位。

7. 淮安日月洲生态乐园

淮安日月洲生态乐园是淮安台湾农民创业园休闲农业区的核心区，是市委、市政府高起点、高标准精心打造的新型生态休闲、旅游度假园区。占地 1 700 亩，投

古黄河湿地公园 1

古黄河湿地公园 2

古黄河湿地公园全景

资 3 亿元，于 2010 年 12 月开工。项目主要分为六大功能区，即：现代农业培育展示区（玻璃温室、婚庆摄影基地、商业街、游客中心）、原生态农耕体验区（特色果树种植区、动物养殖区、跑马场）、湖面游赏区（滨水演艺广场、水上游乐项目、公共滨水景观带、景观桥、观景亭、南北码头）、青少年科普教育区（青少年科普馆、手工艺坊、米酒坊、素质拓展基地）、台湾风情体验区（九族山寨、阿里山茶楼、妈祖庙、阿里山山地游乐场）、生态休闲度假区（会议中心、度假酒店、度假木屋、露营区）。

"台、农、游"是该项目独辟蹊径，区别于其他旅游项目的重要特点。"台"是围绕台资高地，突出台湾特色，搭建两岸经济、文化交流平台。"农"就是在农业展示、农业科普、农业参与等方面形成特色，满足城市居民回归田园、参与农耕、亲近自然的心灵渴求；同时，也为淮安 32 万青少年进行农业科普教育开辟了"第二课堂"。"游"就是立足苏北、放眼华东，满足淮安本地及周边地区数千万人日益增长的返归自然、自驾休闲、生态度假的新型旅游需要。

项目一期工程于 2011 年 12 月底竣工，主要建成主入口、滨水演艺广场、婚庆摄影基地、购物街、玻璃温室、青少年科普馆、手工艺坊、米酒坊、游客中心及湖面片区。

淮安日月洲生态乐园主入口效果图

淮安日月洲生态乐园入口景观轴效果图

淮安日月洲生态乐园滨水演艺广场效果图

农作物认养区
亲子活动园
米酒坊DIY体验中心
游船停靠点
稻草人扮酷
小农夫创意园
全天然手工艺坊
青少年航模场
青少年科普活动中心
宝岛奇蔬异果淘宝区
青少年育碳弄库
科普长廊
舞台背景
两岸农业科普展示区
滨水演艺广场
台湾套装农艺果棚
植树纪念林
后勤入口
星光大道
文化景墙
园艺雕塑
特色大门
花卉
主入口广场
南马
游览非机动车

ARROYOLING GARDEN

淮安日月洲生态乐园高科技农业培育消费区

激光水幕喷泉
舞台背景
滨水演艺广场
长廊
育树纪念林
婚庆摄影基地
星光大道
花卉展示园
"南船"码头
园艺雕塑
智能温室
广场
游览非机动车
游客服务中心
生态停车场
室外大排档
南北特色农产品购物街
"台资高地"主题雕塑
道

淮安日月洲生态乐园婚庆摄影基地

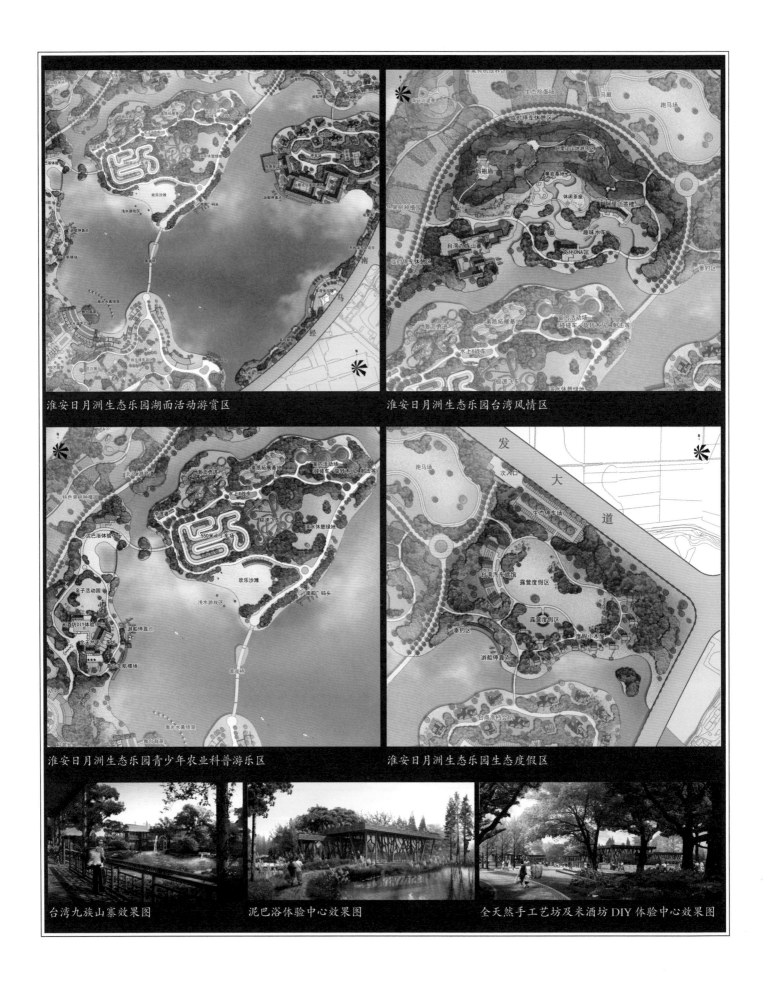

淮安日月洲生态乐园湖面活动游赏区

淮安日月洲生态乐园台湾风情区

淮安日月洲生态乐园青少年农业科普游乐区

淮安日月洲生态乐园生态度假区

台湾九族山寨效果图

泥巴浴体验中心效果图

全天然手工艺坊及米酒坊DIY体验中心效果图

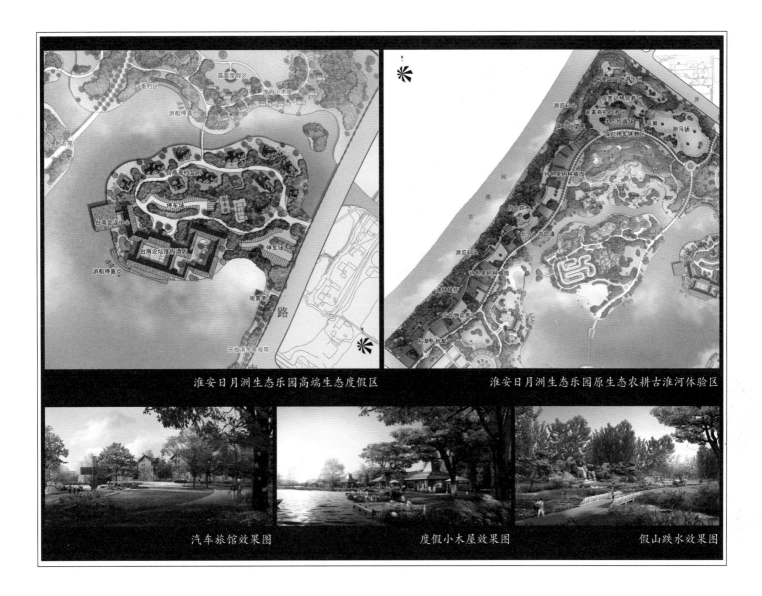

淮安日月洲生态乐园高端生态度假区　　　　　　淮安日月洲生态乐园原生态农耕古淮河体验区

汽车旅馆效果图　　　　　　度假小木屋效果图　　　　　　假山跌水效果图

8. 中华文字艺术园

中华文字艺术园位于淮安经济开发区宁连路东侧，黄元南侧，占地面积约 202.37 亩，总建筑面积约 45 700 平方米，容积率 0.303，建筑密度 10.8%，绿化率 22.1%。

中华文字艺术园其创意选用中国书画艺术的表现形式，如同一个画轴，园区的景观和建筑沿东西轴线展开，将整个园区作为一幅描绘淮安文化的锦绣画卷。中国书画讲求诗、书、画、印，在这幅画卷中，建筑是"印章"，园林景观是"书画"。设计采用现代与传统相结合人文与自然相统一的手法，融合建筑、水景、园林小品、灯光、声效等多种艺术手段，创造出具有独创性的不可复制性的中华文字艺术园，打造文化淮安、开放淮安的文化形象名片。

艺术园含一个主馆，三个副馆（餐饮会议中心、文化产业园、商场）。文化艺术园建筑部分（主馆）位于两条景观大道交点的西南方，为整个园区最大的大印正南北斜盖于园区，形成整个园区的最大亮点，主馆由四个交通核心筒，承载建筑整体质量，并自然形成入口，形态如两扇大门，人们由印底进入博物馆，就如同叩开了中国文字艺术的大门。游客视线向前可以看见博物馆共享大厅，导向明确，抬头就可以看见大厅印底气势恢宏，效果震撼。主馆内部交通灵活多变，展区自由，不拘泥于房间割断。丰富了游客的游览路线，让人们更

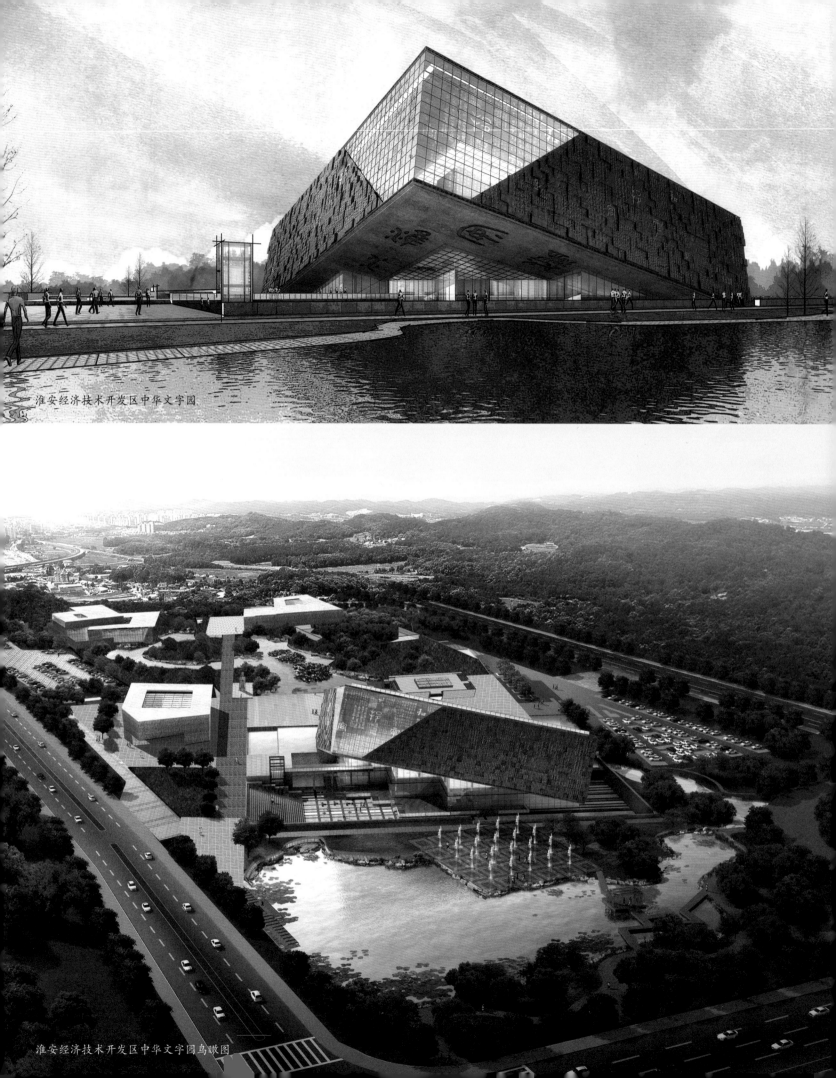

淮安经济技术开发区中华文字园

淮安经济技术开发区中华文字园鸟瞰图

能体会到中华汉字的魅力所在。

中华文字艺术园景观部分，主要采用中式园林设计。东西、南北两条景观大道，贯穿整个园区，游客视线无阻碍，对园区主要景点一览无遗，并在景观轴端形成四个小天印，三个位入口广场，一个为文字讲坛。再配以再现自然山水为基本原则的景观设计，达到建筑与景观融合.和谐的目的。

该项目的建设，填补了淮安文化产业发展的空白，提升了淮安文化品位，促进了淮安旅游的发展，同时促进海峡两岸的文化交流。

9. 景会寺

景会寺位于淮安经济开发区宁连路东侧，西藏街西侧，黄元路北侧，占地面积约 233 亩，总建筑面积约 4.2 万平方米，容积率 0.27，建筑密度 15%。

景会寺地块呈长方形，与南侧的中华文字艺术园相呼应。该项目由寺庙主体建筑区、居士楼、僧舍、名人工作室、法物商品街、生态停车场等六个部分组成。寺庙主体建筑区自南向北形成以山门、钟鼓楼、天王殿、大雄宝殿、法堂、毗卢阁为骨架的大型佛教寺庙，而东西两侧又对寺庙的功能做了进一步的补充和完善的。主体建筑的空间秩序层层递进，井然有序，空间形态变化丰富，从而营造了相对独立、安静的佛教文化氛围。

景会寺的规划设计力求立足原貌、尊重历史、延续文化、并赋予新意。建成后的景会寺具有弘扬宗教文化

景会寺鸟瞰图

红娘广场

功能，开展各种宗教活动和市民的交往场所。

　　景会寺项目于 2010 年 9 月开工建设，计划于 2012 年 6 月完成一期工程（寺庙主体建筑）。项目总投资额约 15 000 万元，一期投资约 6 000 万元。

10. 红娘广场

　　红娘广场位于清河新区古淮河文化生态景区内，长荣大剧院正门前，以红娘雕塑为中心，建有 6000 平方米以歌颂美好爱情为主题的全新广场。广场与长荣大剧院、鸿禧广场遥相呼应。广场上设有景观灯柱、绿化小品、浮雕墙等，浮雕墙上刻有《梁祝》、《天仙配》、《化蝶》、《西厢记》、《长生殿》等 5 个古代爱情故事画面。置身广场，如游画中。

● 建筑遗产保护与继承

　　源远流长的大运河留给了淮安灿烂厚重的历史文化遗存，2011 年，国家文物局公布了大运河申报世界文化遗产预备名单，其中立即列入的遗产点有 65 项，其中淮安的清口水利枢纽遗址、洪泽湖大堤、总督漕运公署遗址、清江大闸、双金闸、镇水铁牛等 6 处运河遗产点名列其中。

　　淮安十分重视运河文化遗产的保护和利用。近年来，在市委、市政府的正确领导下，淮安的大运河沿线文物保护和申遗工作取得了显著成绩。首先，于 2008 年 10 月成立了以分管副市长为组长，以文物、财政、水利、规划等部门，淮安区、清河区、清浦区、淮阴区等相关

京杭大运河两淮段

全国政协来淮视察大运河申遗工作 1

全国政协来淮视察大运河申遗工作 2

县区为成员单位的大运河遗产保护与申遗工作领导小组。在市委、市政府的领导下，领导小组各成员单位各司其职，共同做好大运河保护与申遗工作。其次，聘请了中国文化遗产研究院和东南大学建筑设计研究院，负责大运河遗产及其沿线重要遗产点的保护规划和方案编

制工作，为大运河遗产保护和申遗奠定基础。第三，为确保运河沿线文物安全，坚持以"保护为主，抢救第一，合理利用，加强管理"文物保护工作方针为指导，不断投入人力、物力和财力，用于对运河沿线文物古迹的维修保护和文化内涵的提升。第四，为配合大运河申遗和

大运河（淮安段）上淮钢集团码头

相关遗产点的保护、研究工作，组织考古部门对清口水利枢纽遗址、顺黄坝、木工水龙、惠济祠遗址等重要遗产点段进行考古发掘积累了大量有关运河遗产的相关信息。第五，实施大运河重要遗产点保护与展示工程。重点开展了清口水利枢纽遗址、惠济祠遗址与天妃坝遗址的考古发掘及本体保护，码头镇大、小葫芦岛河道疏浚、岸线及周边环境整治，洪泽湖大堤环境整治，钞关遗址考古勘探和驳岸遗址维修，淮安府衙正堂、镇淮楼内部展示提升等工程。第六、充分利用"5·18国际博物馆日"、"文物保护法宣传周"、"中国文化遗产日"，通过媒体宣传报道、制作展牌、散发宣传资料等形式多样的宣传活动，切实做好舆论宣传工作，形成文化遗产人人保护的良好社会氛围。

● 文化遗产保护项目

近年来，淮安区投入亿元资金，实施了一批文化遗产保护项目。先后对周恩来故居、淮安府署、中共中央华中分局旧址、新旅纪念馆等文物进行了修缮保护；建设了以镇淮楼、中国漕运遗址公园、中国漕运博物馆、淮安府署为中轴线的古代官衙群，古城墙遗址公园，河下古镇、里运河风光带等项目相继落成。

江苏省委书罗志军参观中国漕运博物馆时，称赞"如此高水平的博物馆，在县区级少见"。河下古镇保护项目2011年获得了国务院国有资产管理委员会和中国商业史学会盐文化分会颁布的"中国盐文化遗产保护奖"；淮安府衙2011年被国家旅游局评定为AAAA级旅游景区。同时，扎实开展文物普查，三年认定并形成电子文本的不可移动文物有384处，其中新发现文物226处，复查文物158处，文物点的数量增长达到143%；积极开展考古抢救性发掘，三年累计完成田野考古勘探15 000平方米，探明砖室、棺木墓180多座，清理古墓葬221处，出土文物6507多件。

"十一五"以来，清河区财政累计投入近20亿，截止2011年底，以"八馆一院一中心"（中国城市化史馆、淮安国际摄影馆、中国淮扬菜文化博物馆、中国西游记博览馆、清河图书馆、清河文化馆、清河城市馆、江淮婚俗馆、长荣大剧院、老少活动中心）为龙头的公共文化服务平台全面建成，三级公共文化网络逐步完善。

清浦区通过文物普查，全区新发现各类文物点逾127处。其中主要包括：以都天庙街区、西大街为代表的一批清代至民国时期古民居，建于20世纪50年代的清江航运局1、2号楼，淮阴卷烟厂、清

全民健身主题公园

京杭大运河两淮段

母爱（作者＼唐佳兰）

盼归（作者＼贺敬华）

江棉纺织厂、淮阴发电厂老办公大楼，华中建设大学旧址，淮阴中学老教学楼，清江市广播站旧址，大众剧场等。2009年，普查野外实地调查通过市级验收。各类相关的文物材料保存完整，存档规范。

完成吴公祠修复、文庙和王瑶卿故居维修工程，启动捧芦寺文物点的维修工程和文庙广场舞台的建设工程。编制规划"都天庙历史文化风貌街区"、"花街"街区整体保护维修方案。

第七章　城市节庆文化盛典

● 九大节庆的建立

　　淮安以独特的视野创新区域节庆文化活动品牌。十多年来，淮安坚持从文化遗产保护入手，坚持挖掘与规划并重，坚持开发与利用并举，坚持"整合资源、独树一帜、市县联动、放大效应"原则，全市九个县区形成了"一县一品、一区一特"的节庆文化品牌格局，打造了盱眙国际龙虾节、中国淮扬菜美食文化节、中华缘文化节、中国东方天下母爱节、西游记文化旅游节、洪泽湖国际大闸蟹节、金湖荷花·美食节、中国淮安白鹭湖国际婚庆旅游文化节、清江浦庙会等"国"字号的特色文化节庆和文化旅游品牌。2010 年，还在全国首创了"周恩来读书节"，全国人大原副委员长许嘉璐为活动题写节名，并认为"举办周恩来读书节，创意新，立意足，希望精心组织、办出特色、形成品牌"。这些品牌节庆文化活动，突出了淮安地域文化品位，提炼了淮安地域文化精髓，把握了淮安地域文化特点，构建淮安节庆文化品牌。

1. 中国盱眙国际龙虾节

　　盱眙县位于淮河进入洪泽湖的入湖口，境内及周边地区盛产龙虾，而且盱眙山区还生长许多中草药，当地人用中草药配制的十三香龙虾调料烧出的龙虾美味可口，深得各地人士的喜爱。为了进一步扩大盱眙龙虾的知名度，促进农副产品的销售，盱眙县人民政府与《扬子晚报》于 2001 年始共同举办盱眙中国龙虾节，龙虾节期间举办"大型文艺晚会"，"天泉湖龙舟赛"，"山地越野车表演赛"，"水上传统民俗婚礼"，"千人龙虾宴"等活动。盱眙龙虾节已走过 12 年的历程，12 年来，盱眙坚持与时俱进、传承创新，赋予龙虾节以强大的生命力和感召力。龙虾因盱眙而出名，盱眙因龙虾而扬名。盱眙龙虾已经成为盱眙传递给世界的一张飘香名片，盱眙龙虾品牌价值以 65 亿元跃居国内淡水水产品品牌榜榜首，并荣获中国驰名商标、国家地理标志产品等多项桂冠，为盱眙富民第一产业。盱眙龙虾成为江苏美食的杰出代表，不仅提升和丰富了中华美食文化，还成为盱眙传递给世界的一张美食

中国·盱眙国际龙虾节

中国·盱眙国际龙虾节开幕式现场

2002年9月，淮扬菜美食文化节开幕式上，中国烹饪协会副会长将"淮扬菜之乡"牌匾授予时任淮安市委书记丁解民

名片。截至目前，盱眙龙虾已走进美国、澳大利亚、新西兰、瑞典、希腊、保加利亚等多个国家和地区。龙虾节取得了卓越的成就，不仅铸造了一块金字招牌，成就了一个龙头产业，而且书写了一段富民佳话，闯出了一条发展新路。

2. 中国淮扬菜美食文化节

2002年起，由中国烹饪协会、江苏省经贸委和淮安市人民政府联合举办了淮安·中国淮扬菜美食文化节。以"弘扬名城文化、推介淮扬美食、发展淮安经济、娱乐百姓生活"为主题，通过"政府引领、市场运作、企业唱戏、社会参与"的方式，本着市区联动、立足创新、体现特色、注重实效的原则，凸显"历史古城、文化名城、生态水城、工业新城"特色，唱响"淮扬名菜香天下、美丽清纯洪泽湖"品牌，努力把节庆活动办成高规格、高水平、高品位的美食盛宴、文化盛事、经典盛事、旅游盛会，不断提升淮安的知名度、美誉度。

历届美食节期间都开展了丰富多彩的文体活动，为广大市民留下了美好的回忆。从最初秧歌、健身操，到广场文艺演出、花车巡游，再到男排联赛、龙舟竞赛、

中国淮扬菜美食文化节

知识竞赛、健康评选、万人健步、乒乓球赛……高科技花车上声、光、电的完美展现，巡游队伍中身着靓丽服装的福娃、花仙子、米老鼠、唐老鸭、天线宝宝等卡通形象，小兔子、小狗、蝴蝶等可爱的小动物，孙悟空、猪八戒等神话人物，年年美食节，年年新创意，和谐淮安的健康城市生活因为美食飘香的节日而欢乐飞扬。

淮安·中国淮扬菜美食文化节已成为淮安具有重大影响力的经贸桥梁、文化舞台、形象窗口和群众盛会。依托美食节这一节会平台，全力开展项目推介暨招商引资签约大会、台商淮安论坛、宁淮挂钩项目签约大会、经济开发区招商项目集中开竣工仪式、城建项目招商推介等系列活动。2006年起，淮扬菜美食文化节被赋予了新的内涵，在推介淮扬美食、发展淮安经济、娱乐百姓生活基础上，美食节与台商淮安论坛珠联璧合，助推淮安朝着"南有昆山、北有淮安"台资集聚新高地进发，仅第八届淮安·中国淮扬菜美食文化节暨第四届台商淮安论坛上，签约的外资项目就有30个，其

中台资项目12个，总投资5.3亿美元。

3. 中华缘文化节

中国（涟水）中华缘文化节已连续举办3届，是涟水推动城市化、工业化建设进程，扩大开放交流的重要平台，举办中华缘文化节，就是要以缘为媒、以缘会友，广结世间善缘，缘聚天下力量，以开明开放、海纳百川的胸怀携手合作共赢，共创美好未来。中华缘文化节已成为宣传涟水、推介涟水的靓丽名片，有力地提升了涟水的知名度、美誉度，推动了涟水经济社会的快速发展。

4. 中国东方天下母爱节

中国东方天下母爱节创办于2010年。主办者通过举办东方母爱文化节，弘扬"诚信、仁爱、包容、进取"的社会风尚，把淮阴区建设成为东方母爱圣地、爱心文化宝地、惠民富民福地、跨越发展高地。

中国淮阴·东方母爱文化节期间，淮阴区举行公祭漂母大典、"漂母杯"全球华语母爱主题散文大赛颁奖典礼暨爱心淮阴论坛、"滑田友奖"全国母爱主

中华缘文化节

中国淮阴·东方母爱文化节

题雕塑大赛、"韩信杯"象棋国际名人赛等文化和体育活动。

5. 西游记文化旅游节

西游记文化节始于2010年。文化节期间举办了首届国际《西游记》文化论坛，邀请我国内地和港台及日本、韩国、泰国、印度等地的《西游记》文化研究专家参加；还举办了全球首部立体电视连续剧《吴承恩与〈西游记〉》首播和电影《西游记》筹备仪式；在北京举办中国西游记

中国淮安西游记文化节

文化艺术展并召开《西游记》创新文化座谈会，展示中国西游文化艺术精品，邀请有关领导和专家共同探讨《西游记》所体现的创新文化内涵。针对《西游记》特别为青少年儿童喜爱的特点，举办全国《西游记》动漫网络创作比赛和"我心中的美猴王"少儿绘画比赛，让西游文化成为引导广大青少年勇敢拼搏、努力创新的精神食粮。还同时举行六小龄童工作室和玄奘纪念堂落成揭幕仪式、"辉煌之夜"西游记文化旅游年大型焰火晚会等20多项活动，内容丰富，精彩纷呈。

中国西游记博览馆

西游记博物馆内景

奇人奇书
MASTERS AND MASTERPIECES

西游记博物馆展示区

6. 洪泽湖国际大闸蟹节

中国洪泽湖国际大闸蟹节创始于2005年，由国家有关部委、江苏省水利厅、环保厅、海洋与渔业局和洪泽县人民政府共同主办，是融文化、体育、科技、旅游、美食、经贸于一体的省级大型节庆活动。中国洪泽湖国际大闸蟹节浓缩了深厚的楚风汉韵，体现着浓郁的洪泽湖风情，展示出江苏人民精神昂扬的时代风貌，全面促进了洪泽的社会、经济、文化的建设和发展。经过多年的认真培育和精心打造，中国洪泽湖国际大闸蟹节已成为国内外具有重要影响力的节庆活动。中国洪泽湖国际大闸蟹节将"中华水典"的立意与洪泽湖渔文

中国洪泽湖国际大闸蟹节

化相融合，将文化生态纳入保护和传承的视野，结合洪泽湖大闸蟹品位和商业价值进行推广宣传，将洪泽湖渔文化的文章做足做好。特别是在节庆的同时还举办"欢乐中国行"、"螃蟹运动会"、"螃蟹宠物秀"、"掼蛋大赛"等一系列颇具创意、颇受欢迎、颇有影响的宣传推介活动，不仅丰富了群众的文化生活，提升了洪泽的知名度和美誉度，还打造了洪泽湖的文化品牌项目。中国洪泽湖国际大闸蟹节体现了浓郁的洪泽湖风情，先后被人民网、中国城市发展促进会、中国人类学民族学研究会、国际节庆协会、中国节庆产业年会授予"中国十大品牌节庆"、"中国十大文化艺术类节庆"、"中国最佳物产类节庆"、"中国最具创新价值节庆奖"称号，洪泽县被评为"中国最佳投资环境县"。

7. 金湖荷花·美食节

金湖位于江苏中部、淮安市南端，《史记》记载为尧帝出生地。1959 年建县，周总理亲定为"金湖"，取意"日进斗金"。县域 1 400 平方公里，水面、滩涂占一半。一县坐拥三湖（高邮湖、白马湖、宝应湖），全国唯一。人均拥有良田、优质水面，江苏第一。淮河入江水道穿境而过，长堤环绕，河网密布，荷花飘香，水质优良，水产丰富，人文谦和，民风淳朴，素有"荷花之乡"、"鱼米之乡"、"江湖要塞小江南"之美誉。

金湖种荷、赏荷、咏荷历史悠久，荷产业规模宏大，荷文化载体建设不断提高。依据自身的荷藕资源、荷文化的历史渊源，金湖县自 2001 年开始举办中国金湖荷花·美食节，开始打造荷文化。以"办节为媒、推介为主、招商为实、发展为本"为办节宗旨，挖掘荷文化，发展荷产业，构建和谐社会，推动金湖经济社会不断发展。

在第六届中国节庆产业年会上，连续举办 10 年的中国金湖荷花·美食节，从全国一万多个节庆活动中脱颖而出，获中国节庆年度最高荣誉称号——"2010 年度中国十大节庆"，成为江苏 500 多个节庆中本年度唯一获得最高荣誉的节庆。金湖荷花·美食节影响力不断

金湖荷花·美食节

扩大，从县城办到省城，从长三角办到首都北京，直至走出国门。

8. 中国淮安白鹭湖国际婚庆旅游文化节

中国淮安白鹭湖国际婚庆旅游文化节 2009 年开始举办。文化节围绕"打造品牌、彰显特色、以节为媒、促进发展"的办节宗旨，突出"和美之旅、幸福清河"的主题，精心组织好婚庆旅游文化节的各项活动，着力弘扬传统优秀婚俗文化，倡导文明婚俗风尚，建设美满家庭，构建和谐社会；着力推动婚庆文化产业发展，促进产业结构优化升级，提升服务业发展水平；着力加强

荷花荡

中国淮安白鹭湖国际婚庆旅游文化节

文化强区建设，打造文化品牌，增强区域文化软实力，加快形成富有文化特色的"婚庆之都"新名片。文化节整合珠宝、婚庆餐饮、婚纱摄影、婚庆公司等婚庆企业，形成婚庆产业链。举办中国淮安白鹭湖国际婚庆旅游文化节，以婚庆为媒，放大婚庆资源效应，打响"浪漫婚庆圣地"的品牌。

9. 清江浦庙会

清江浦地处文庙闸口区域里运河两岸，是淮安主城区历史文化资源富集之地，有着五百多年的悠久历史，明、清时期享有"壮丽东南第一州"之美誉，是京杭大

运河沿线的一颗璀璨明珠，承载了淮安城市的历史记忆。作为承接清江浦衣钵的清浦区，不仅是淮安众多历史遗存的保护地，更是民风民俗的集聚区。举办清江浦庙会，就是延续和弘扬源远流长的清江浦文化，传承千古的传统民俗，弘扬优秀的传统文化，唤起更多的人对民俗文化的热爱，激发人们对传统文化的热情，铸造带有清江浦传统地方文化特色的现代城市灵魂，将其打造成为淮安独具特色的文化品牌。

清江浦庙会已经成为淮安独具特色的文化品牌，春节逛庙会是市民春节文化活动的独特风景。庙会期间，老百姓可以欣赏到极具地方特色的舞狮、玩花船等民俗表演；可以参观撕纸、剪纸、泥塑、民间布艺、丝网花、中国结编织等民间手工艺展示，感受民间文化的魅力；可以参加元宵灯谜的猜谜游戏以及欣赏京、淮剧票友迎春演唱会。

还有清江浦达人秀、相约阳光湖乡亲会、阳光湖首届国际冬泳表演邀请赛等诸多板块，内容丰富，精彩纷呈。

● 地方特色文化活动

近年来，淮安市扎实有效地开展"文化惠民"活

清江浦庙会

赶庙会

龙腾虎跃庆佳节

动。通过建设新的市图书馆、文化馆、美术馆、大剧院和实现乡镇综合文化站、"农家书屋"全覆盖，构建了较为完善的城乡公共文化服务体系；通过开展庆祝建党90周年系列演出，组织文化进社区、进农村、进厂矿、进学校、进军营、进工地，举办"快乐淮安·激情广场"演出，利用流动汽车图书馆开展文化延伸服务等活动，使城乡群众实实在在地享受到社会发展带来的文化成果。

1. 纪念中国共产党成立 90 周年系列活动

为歌颂党的丰功伟绩及改革开放的丰硕成果，在迎来中国共产党 90 华诞之际，淮安市开展了丰富多彩，形式多样的纪念活动。江苏省"新红歌"作品大赛、党旗颂——庆祝建党90周年广场文艺演出等一系列活动，使全市人民再次受到了深刻的党史教育，增强了广大群众立足本职、创先争优的意识。

2. "快乐淮安·激情广场"演出

"快乐淮安·激情广场"演出是为了充分发挥广场文化在丰富群众文化生活中的重要作用，激发全市人民积极投身于"五大建设"，由市委宣传部、市文

清江浦庙会

广新局、市文联主办、各县（区）委宣传部承办、淮海晚报协办的一项文化惠民活动。活动利用淮安市现有的演出资源，在市区各大型广场举行综艺演出、歌舞专场演出、小戏小品专场演出、戏剧票友专场演出、

群众合唱专场演出、流行歌曲专场演出、群众文艺团体专场演出等各具特色的广场文艺演出，受到了广大市民的一致欢迎和赞赏。

3. "快乐淮安·美丽乡村"淮安农民艺术节

"快乐淮安·美丽乡村"淮安农民艺术节由淮安市委宣传部、市文化广电新闻出版局、市文学艺术界联合会于 2010 年起共同主办，各县区委宣传部轮流承办的

清江浦庙会

年度性农村文化盛会，迄今已成功举办了两届。艺术节通过举办农民书画摄影作品大赛、农民小戏小品调演、农村特色文艺调演等活动，全方位展示我市农村文化建设的丰硕成果和新型农民的崭新风貌。

4. 特色戏剧活动

为提升淮安戏曲实力、扩大地方戏曲影响，丰富人民群众业余文化生活，淮安市文化广电新闻出版局组织下属文艺院团，打造、推出了淮安戏剧"周末剧场"、"月

"快乐淮安·美丽乡村"农民文化节

月戏相逢"等具有淮安特色的文化品牌项目。其目的：一是积极娱乐并服务于广大市民朋友的精神文化生活；二是培养锻炼青年演员；三是打造淮安文化品牌，为来淮投资者、旅游者和淮安广大戏剧票友提供文化享受。

5. 创出"名牌效应"

淮安区围绕"名人、名著、名城、名河"的名牌文化元素，突出"周恩来故乡"、"《西游记》摇篮"两大享誉世界的文化品牌，开展了一系列有影响、有

赵五娘剧照

2011 年周末剧场

品位的文化活动，进一步放大周恩来、韩信、吴承恩等名人效应和"中国书法之乡"品牌效应。每年开展一次纪念周恩来诞辰系列活动，特别是在 2008 年纪念周恩来诞辰 110 周年之际，成功开展了 160 多位老一辈革命家子女周总理故乡行系列活动，在国内外产生了广泛影响；每年举办"写好中国字、做好中国人"书法普及教育活动，在江苏省首家成功创建了"中国书法之乡"；2008 年 2 月来自全国各地 110 名书画家

汇聚淮安区，创作出了长 110 米的纪念周总理书法长卷，成为书法界影响较大的盛事。2010 年成功策划了《西游记》文化旅游年活动，在清华大学举行的全国《西游记》网络动漫大赛、在上海世博园举行的"走进《西游记》摇篮"淮安宣传推介、在淮安举行的《西游记》国际文化论坛等等，都引起了国内外强烈反响。近年来，和中国电视艺术家协会合作完成了 40 集大型立体电视连续剧《吴承恩与＜西游记＞》，成功举办了庆祝建国 60 周年、建党 90 周年系列活动和纪念刘鹗逝世 100 周年系列活动。

清河区连续六年成功举办的"幸福清河"社区文化艺术节，已成为当地群众文化的金字招牌，还顺利承办第九、第十届淮安·中国淮扬菜美食文化节、全国家庭人口文化摄影大赛、全国新型家庭人口文化建设与发展高层研讨会、中国城市化论坛、中国西游记动漫高峰论坛、江苏省首届家庭人口文化节，成功举办中国淮安白鹭湖国际婚庆旅游文化节、江苏冰雪狂欢节、白鹭湖婚博会等品牌活动。古淮河文化生态产业园获批淮安市首家省级文化产业园、国家 4A 级景区、省自驾游基地， 2010、2011 两年共获省级文化产业引导资金 320 万元，动漫科技产业基地成为全省首批省级科技产业园。文化事业、文化产业呈现出互动并进的良好态势。

位于淮阴区的刘老庄红色内涵浓厚，又地处苏北区域中心，依托覆盖 2 000 万人口的服务半径，不仅具有丰富的红色旅游资源，同时拥有极大的红色旅游需求，在苏北红色旅游发展中起着率先垂范的作用。近年来，刘老庄烈士陵园被列为省级文物保护单位、省级爱国主义教育基地、德育基地、全民国防教育基地、淮安市党员教育基地，2005 年被列为江苏省红色旅游景点，2010 年入选全国红色旅游经典景区二期名录，每年接待瞻仰参观者达十万人次以上，目前正在申报国家级爱国主义教育基地。并且到刘老庄瞻仰烈士墓的人群呈不断上升之势，地方政府乘势推进"红色刘老庄"旅游景区规划。

2009 年 4 月 11 日，国家级非物质文化遗产名录项目"十番锣鼓"应邀参加"连云港之春－苏北鲁南地区民俗精英赛"的演奏现场

6. 演绎"特色·大众"

淮阴区围绕韩信与漂母之间演绎的一饭千金的千古佳话，成功举办了"中国东方母爱文化节"这一节庆活动。公祭漂母大典、韩信杯象棋大赛、中国母爱主题散文大赛、中国母爱主题雕塑大赛以及"淮阴当代漂母"评选等丰富的活动内容，将艺术魅力和爱心文化内涵有机结合在一起，在迅速改变群众习惯、品位的同时，也在较短时间内完成了整个活动品牌、形象、概念的成功营销，把淮阴整体面貌向外进行了推介展示，有效塑造了淮阴城市对外整体形象，并荣膺"2011 年度中国节庆产业金手指奖·十大节庆"称号。

清浦区以繁荣文化为动力，开展群众文化活动，依托清江浦文化底蕴，打造清浦历史老城区文化名片。配合举办 3 届清江浦庙会、民间传统文艺演出、民间手工艺展示、民间收藏品展示交易、书画摄影展、戏迷晚场演唱会等活动，连续两年中央台新闻联播报道。为满足群众日益增长的文化活动需求，清浦区投入 20 余万元在文庙广场搭建永久性文艺演出舞台，为群众文艺演出构建了演出平台。

开展以春节节庆活动为契机，挖掘、传承民间特色文艺。每年大年初一，组织全区舞狮、花船、跑驴、蚌精、花篮担等民间文艺大巡游，每年参加活动的队伍有 20 多支，2 000 多人，观看群众每年达数万人次。春节期间，还组织书法家开展"写春联送吉祥"下乡活动，书画展、摄影作品展、文物非遗成果展、迎新春文艺演出等多

项送文化下乡活动。

从 1985 年开始连续 26 年举办"五月赛歌会"活动，为广大文艺爱好者搭建展示平台。参赛歌手累计 3 000 余人次，先后培养出夏万里、韩国林、徐城、于建群、郑建春等一大批淮安市区优秀歌手。2008 年以来，区文化馆先后免费为社会提供图书室、阅览室、舞蹈排练房等服务项目，开设书法、美术、声乐、电子琴等文艺辅导班，每年举办文化站长、全区文艺骨干培训班，培训 200 多人次。排练、创编文艺节目，参加"迎新春联谊会"、"迎新春团拜会"、"改革开放 30 年文艺演出"、"庆祝中华人民共和国成立 60 周年文艺汇演"、"军民鱼水情"双拥广场文艺演出等 20 多场演出。举办书法、美术、摄影展 20 多次，先后举办了"天士力迎新春书画、摄影展"、"庆祝中华人民共和国成立 60 周年书画、摄影展"、"清浦区反腐倡廉艺术作品巡回展"等多项活动。

清河区既有着 2 200 多年深厚的文化底蕴，又有着独特的区位、交通、产业等方面的优势。在充分利用好一切有利于加快发展的资源基础上，注重用文化来引领城市规划、产业培育、社会发展，提出并致力于建设富有文化特色的"南船北马、商贸名区、美食天堂、婚庆之都、生态新城、和谐家园"六张城市名片，努力实现传统文化与现代文明的交相辉映，进一步彰显城市特色，避免千城一面、同质化，让清河既有"筋、

龙腾盛世

骨、肉"，更有"精、气、神"。同时以中国淮扬菜文化博物馆、清河生态美食城、清淮农家乐文化休闲街区等为载体，大力发展淮扬菜产业，成立淮扬菜集团，并积极推进上市，拉长做强淮扬菜产业链。楚天极目有限公司依托中国西游记博览馆、动漫科技产业基地等，举办中国西游记动漫峰会，促进动漫游戏产业、文化创意产业加速发展。建设红喜会馆、江淮婚俗楼、红娘广场等项目，打造独具特色的婚庆产业主题公园，中国婚庆文化产业基地落户新区，不断增强婚庆产业竞争力。长荣大剧院加盟江苏演艺集团，成为集团首家旗舰型剧院，提升了清河演艺娱乐业的发展水平，让人们能够享受到更多高品质的文化产品。以街道为单位，充分利用辖区楼宇资产，加快建设各具特色的文化产业社区。

7. 搞好"社区文化"

"社区文化"创建深入推进，社区"和"文化节、社区"邻里节"成为丰富广大居民的重要精神食粮。社区"小广播"作为政府为民办实事的重要内容，已实现区内全覆盖，成为传播政策、娱乐百姓、引领风尚的重要载体；新华社、大公报、新华日报、江苏人民广播电台、淮安日报、淮安电视台及电台等省内外20多家媒体先后报道"社区小广播"的独特魅力。

为全面丰富全区居民业余文化生活，开发区组织开展了一系列群众文艺活动，做好元旦、春节期间文艺演出活动，组织文化下基层演出；牵头组成威风锣鼓、扇子舞、军体拳、铃鼓等表演方阵，近2000名学生组成啦啦队方阵，参加万人自行车环市行活动。开展"居家福"敬老养老文艺宣传活动，既丰富了百姓的文化生活，又提高了"居家福"敬老养老形式知识的知晓率。举办首届"社区邻里节"，开展了猜谜语、下象棋、打扑克、乒乓球赛、台球赛、协力共进、袋鼠跳、摸石头过河、文艺演出等文体活动，凝聚了人心，和谐了社区，丰富了百姓文体生活。与张码办事联合举办了"和"文化节，开展了少儿才艺展、卡啦OK大联唱、健身舞表演、灯谜竞猜、文化演出等20项活动。

第八章　非遗传承服务当代

近年来，淮安市的非物质文化遗产保护工作取得了长足发展，建立健全了组织领导机构，举办了系列丰富多彩的展示传播活动，四级名录和传承体系日趋完善，传承发展健康有序，普查非物质文化遗产线索 18 154 条，项目 1 772 项，汇编文本 17 册，约 300 万字，拥有非物质文化遗产名录项目国家级 4 项、省级 27 项、市级 153 项，非物质文化遗产代表性传承人国家级 1 人、省级 11 人、市级 175 人，建设了淮海戏、楚州十番锣鼓、京剧（荀派艺术）传承基地，江苏首个省级文化生态保护实验区——洪泽湖渔文化生态保护实验区落户洪泽，淮安的非物质文化遗产得到了有效保护、传承和发展。

● 国家级非物质文化遗产

1. 楚州十番锣鼓

所谓"十番"也就是由十件打击乐器交替打出各种锣鼓点子（锣鼓经），即点子很多。楚州历史上有句俗语，即"十番十调"，由清道光年间楚州曲家孙育卿将宫廷音乐加上地方风俗的唱词及打击乐（锣鼓点子）改创而成，已有 200 多年的历史。楚州十番锣鼓以唱、奏、敲打三个声部为一体，曲中时而加入锣鼓曲牌，乐曲结尾大部分以锣鼓曲牌为主。也有器乐曲，器乐曲高潮处为衬托气氛时而加入锣鼓与器乐合奏以增加渲染力。

国家级非遗项目"十番锣鼓"

2. 淮海戏

淮海戏属拉魂腔系统，是江苏主要的地方剧种之一，因以板三弦伴奏，又称"三刮调"。淮海戏以民间生活小戏为多，是典型的大众化艺术，唱、念、做、表，均平实易懂，幽默风趣，载歌载舞的形式尤显热烈生动。形式上的乡风野趣与直接表达当地民众生产、生活的内容相结合，具有鲜明的地方特色。

大型现代淮海戏《豆腐宴》荣获第九届中国戏剧节优秀剧目奖

3. 京剧

京剧是中华民族艺术中的瑰宝；荀派艺术，则是以花旦（及以花旦应工为主的花衫）的妩媚柔美为主要表演特色而在京剧的四大名旦之中独树一帜，具有剧目内容人民性、贫民性，舞台形象俏媚甜美，念白京韵相掺，表演讲究出情放彩等特点。

宋长荣在美国第六届中国京剧艺术节期间荣获亚洲杰出艺术家终身艺术成就奖殊荣

4. 淮剧

淮剧，又名江淮戏，是由民间说唱"门叹词"与苏

淮剧表演艺术家何叫天与荣光辉（右一）、陈德林（左一）亲切交谈

20纪六十年代洪泽县渔鼓舞演员合影

北"香火戏"相结合，并吸收了里下河"徽班"的艺术精华发展而成的地方剧种，流传至今，已有二百多年历史。艺术风格朴实淳厚，雅俗共赏，通俗易懂，具有鲜明的地域特色。且行当齐全，文武皆备，以唱工见长，一连几十句、上百句，紧扣剧情，出彩不断的即兴演唱，是淮剧声腔的一大特色，能取得独特的艺术效果。

● 省、市级非物质文化遗产

1.洪泽湖渔鼓舞

洪泽湖渔鼓舞是自清朝以来广泛流传在洪泽湖渔民中的一种歌舞。

洪泽湖渔鼓舞源于满族人的风俗"跳神"。"跳神"

从北方传到鲁南地区后形成一种迷信职业"肘鼓子"，又叫"周姑子"，再传到苏北洪泽湖地区，发展为"洪泽湖渔鼓"。

洪泽湖渔鼓舞最初的形式是水上"童子"在为渔民们从事迷信活动时，手上敲着羊皮鼓，嘴里唱着"嚷神咒"、"念佛记"等曲调，跳着巫舞。有些"神汉"从山东来到洪泽湖后，为了维持"跳神"这种迷信职业，将其为农民开锁还愿、驱邪安神的唱词改成为渔民驱邪、安定河神和祈求行船平安、保佑丰收的内容，并将羊皮鼓改成鱼皮鼓，舞姿亦发展为模拟渔民生产劳动和庆祝丰收、祈求吉祥的动作，一般由2至3人在船头表演。久而久之，人们便将这种具有洪泽湖渔民特色的鼓舞称之为洪泽湖渔鼓，表演的演员也由2至3人发展到多人，演出场地亦由船上发展到陆地。

洪泽湖博物馆收藏的清代铜雕渔鼓

早期带有巫术性表演的洪泽湖渔鼓舞

现代渔鼓舞表演剧照

洪泽湖渔鼓舞在清末民初时最为鼎盛，在苏、皖、豫广大渔民中有着广泛的影响。新中国成立后，文艺工作者对洪泽湖渔鼓进行了挖掘、整理，加工、改编后的洪泽湖渔鼓节奏明快、旋律优美，舞蹈动作大多是模拟织网、张卡、布钩、拉网等各种捕鱼的动作和姿态，塑造了渔业劳动者的形象，曾多次参加省、市调演，深受欢迎。1960年参加江苏省第二届群众文艺会演，成为获奖节目。

洪泽湖渔鼓舞目前主要分布在洪泽湖周边的泗洪县半城镇、洪泽县老子山镇等沿湖乡镇。

内容和特点：洪泽湖渔鼓舞是洪泽湖渔民表达喜悦心情和欢庆丰收的一种歌舞形式。

洪泽湖渔鼓舞既可二三人在船头表演，亦可由十几人或几十人在陆地和舞台表演。

演员表演洪泽湖渔舞鼓时，左手持一种形似葵扇的渔鼓，鼓柄长17厘米左右，柄尾有一圆形或菱形铁环，环周设有三个铁环，每个铁环再串系三个小铁环。表演时，演员左手摇鼓，环声铛铛；右手击鼓，鼓声锵锵。演员模拟渔业生产劳动中捕鱼的各种姿态，动作奔放、步法轻盈。渔鼓的歌词可以事先编好，也可以随编随唱。在发展过程中，洪泽湖渔鼓舞的唱腔融进了当地流行的泗州戏调、快板说唱等曲调。

洪泽湖渔鼓舞对于研究洪泽湖地区的历史文化以及民情民风民俗有着重要价值。

目前状况：历史上，洪泽湖渔鼓舞主要是以家族的方式传承。目前，湖区的民间渔鼓舞老艺人已为数不多，且年龄较大，年轻人不愿唱渔鼓，渔鼓舞的生存面临危机。当地文化部门正在采取多种措施，以使洪泽湖渔鼓舞这一古老的文艺表演形式得以继续存在下去，并焕发出新的生机。

2. 蛋　雕

中国蛋雕艺术历史悠久。远在明清时期，民间在喜庆婚娶、祝福庆寿、喜得贵子时，为图吉祥如意，就有了赠送红鸡蛋的习俗。于是出现了一部分摆摊设铺，专门售卖染过红色鸡蛋的商贩。后来，商贩们又在蛋上画些花鸟、鱼虫、脸谱以及喜庆的图案，以图生意兴隆，久而发展成将鸡蛋钻孔掏空，用刀雕刻成精美的艺术品。

当前主要传承人：吴小琦，女，1959年10月出生，

蛋雕·鸳鸯

蛋雕·牡丹

淮阴人，其家族以蛋雕技艺在当地享有盛名。2002年9月，参加第二届中国家庭文化节获优秀奖，同年12月参加全国民间艺术节精品展，并现场演示。2004年参加国际民族民间艺术节作品获铜奖。2005年和2007年，两次赴

蛋雕传人吴小琦应澳门特别行政区文化局邀请在澳门卢家大屋展示蛋雕工艺

新加坡进行现场表演。2010年8月，赴澳门卢家大屋进行了为期一个月的展示，并为游客和澳门同胞举办了四期工作坊，展示、传授蛋雕技艺，为境内外的文化交流和非物质文化遗产的宣传推广作出了积极贡献。

淮安市的蛋雕艺术家吴小琦的蛋雕技艺传于家学，家族内蛋雕高手辈出。父亲吴德钊1931年随祖父吴远强学习蛋雕，技艺精湛，在江南无锡享有盛名。吴小琦在父亲的精心指导下，蛋雕技艺不断成熟完善，并不断创新。

基本内容：吴小琦的蛋雕作品基本内容有花鸟鱼虫、山水人物、民俗风情等系列。由于蛋壳本身易碎，增加了制作的难度，所以每一个蛋雕成品都是一件极佳的艺术品。

吴小琦的创作题材丰富、技法多样，她的蛋雕遣万物于刀下：花鸟虫鱼、人物走兽、京剧脸谱……历历可见；撷众艺之所长：借鉴剪纸、兼融木刻；作品风格多样：有的拙朴，充满乡野情趣；有的典雅，流露传统菁华；有的抽象，散发奇思妙想；有的细腻，毕现秋毫之末。吴小琦的蛋雕个人艺术风格鲜明，赋予了蛋雕丰富的人文内涵，从而提升了蛋雕作品的艺术品位和欣赏价值。2002年12月，新华社记者朱旭、姜帆在南京首届中国民间艺术节上，对吴小琦进行了专访，《民间一绝：在生鸡蛋壳上雕花》一文不但被众多报纸转载，还在互联网上广为传播，让更多的人认识了蛋雕。

3. 博里农民画

农民画，是通俗画的一种，多系农民自己创作的绘画和印画。淮安市淮安区博里镇是全国闻名的农民画之乡。

据考证，博里农民画系从民间年画演变而来，在清末时期即已流行，民国及抗战时期，战乱频繁，博里农民画一度濒临灭绝。20世纪70年代，由博里镇的朱震国发起，组建了博里农民画创作组，加强培训教育，并外出取经，培养了一大批优秀的农民画画师，使博里农民画再度兴盛。博里镇于1991年被文化部命名为"全国现代民间绘画画乡"。博里农民画皆由当地农民创作，他们没有受过专业院校的系统训练，所凭借的是源自天性的真诚、悟性、眼力和手功，仅依靠审美直觉来构图、

冬季运动会

竹林红楼

造型、设色。画作类型有铅笔画、水墨画和水彩画等。主要以岁时节令、生产劳动、生活及民俗风情为创作题材，吸收了传统的民间剪纸、刺绣等艺术风格，通过丰满的构图和艳丽的色彩来表现农民眼中的世界和美好生活，表现的多为丰收富足、美满幸福、健康向上、吉祥喜庆的场面。博里农民化乡土气息浓郁，是难得的民间美术精品，具有较高的观赏价值、收藏价值。

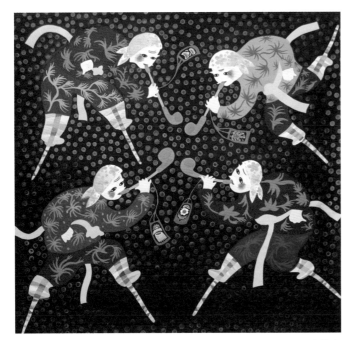

踩高跷

农民画家在创作

织地毯

赶早市

主要传承人：潘宇（1963 年 4 月~　），男，淮安市淮安区博里镇人，江苏省美协会员，中国农民画研究会会员。其作品以岁时节令，生产生活，民情民俗等为

主要内容。具有色彩明块，线条夸张的特点，有着浓郁的乡土气息。作品多次在全国和省农民画展获金、银、铜奖。有 18 幅作品被国家级美术馆收藏，68 幅作品曾

到美国、日本、挪威、瑞典、澳大利亚、英国、台湾等国家和地区展出，4幅作品被国家邮政局印制新年贺卡在全国发行。他曾被淮安市人民政府授予"十佳工艺美术家"称号，被江苏省人民政府授予"江苏省文艺之星"称号，被中国第七届艺术节授予"全国农民画优秀画家"称号。中央广播电台、人民日报、江苏电视台曾作专题报道。

4. 金湖秧歌

金湖秧歌是金湖地区人民在长期的插秧劳动中，创造出来的一种特有的演唱形式，是该县传统文化中流传最广、内容最为丰富、艺术性最强，而且最具有地方特色的一种民间艺术，堪称为民族民间文化瑰宝。

秧歌的起源可以与插秧的历史相提并论。就目前能查阅到的资料，早在宋代就有关于秧歌的记载。诗人陆游《时雨》云："时雨及芒种，四野皆插秧，家家麦饭美，处处秧歌长。"张舜民在《打麦词》中写道："将此打麦词，兼作插禾歌。"另外杨万里还写过一首《插秧歌》，教农民演唱。说明当时农民在插秧时已有唱秧歌的习俗，而且这一习俗相当普遍。

金湖秧歌的历史可追溯到明初，从金湖地区普遍栽插水稻开始。朱洪武称帝之后，曾下令将苏州地区原来支持和拥戴过张士诚的士绅商贾罚没家产，流放外地屯田垦荒。这就是历史上所说的"洪武赶散"。许多出生于金湖的老人，他们都说自己的祖先是洪武赶散时从苏州迁徙过来的。正是江南移民带来的"稻作文化"与金湖本土歌谣相结合，逐渐形成了秧歌的雏形。金湖秧歌中最具代表性的"锣鼓秧歌"则是在清代从湖南流传过来的。清政府在镇压太平天国时大批湘军北上，后来滞留本地，带来很多湖南习俗。如金湖方言中把小孩称为"伢子"、把"去"说成"叩"，等等；与此同时带来锣鼓秧歌这一演唱形式，也就不足为奇了。当然，金湖的锣鼓秧歌不完全就是湖南的锣鼓秧歌。

在清末至民国时期是金湖秧歌的成熟期。这一时期流传有大量唱本，同时也出现了许多著名歌手。锣鼓师

金湖秧歌代表江苏省参加第十届中国上海国际艺术节"长三角非物质文化遗产保护项目·民间音乐"展演活动

傅张忠祥 (1939年生) 从其父张志荣 (1896年生) 为师，其父又师从徐吉祥 (1888年生)；华文灿 (1943年生) 的师傅是华洪山 (1924年生)、师祖是徐吉发 (1899年生)等。从他们可考的家族或师徒传承来看，也超过了百年历史，可见金湖秧歌源远流长。金湖地区三面环湖，以前交通非常闭塞。正是这样一种相对封闭的环境，使金湖秧歌得以沉淀与保存。

金湖秧歌的来源现在认为一般有四：

（1）外地山歌；

（2）经卷、忏词；

（3）文人创作；

（4）勾栏小曲。

20世纪80年代中期，金湖县委、县政府组织力量经过搜集和整理，编辑出版民间文学"三套集成"，受到国家文化部、民委的表彰，使金湖秧歌名声大震。金湖县文工团"秧田新歌"（秧歌联唱歌舞）节目曾赴北京人民大会堂演出，受到周恩来等党和国家领导人的称赞。中国文联、外国留学生、省内外学者及中央电台、中央电视台多次来金湖采风，对金湖秧歌的推广起到了重要作用。金湖秧歌作为一种独具特色的文化品牌已为世人所公认，并由此产生广泛的社会效应，是一笔不可多得的精神财富。

5. 剪 纸

剪纸是一种镂空艺术，在视觉上给人以透空的感觉

和美的艺术享受。我国最早的剪纸作品，是 20 世纪 50 年代，考古学家在新疆吐鲁番盆地高昌遗址附近北朝时期 (386–581 年) 的阿斯塔那古墓群中发现的数幅团花剪纸，采用的是麻料纸，均为折叠型剪纸，它们的发现为我国剪纸艺术形成的历史提供了实物佐证。

剪纸在淮安各个地区皆有分布，因各地风土人情而呈现不同的特色，基本上都具有形式多样、题材广泛、构图饱满等共性特点。因各地环境和创作者不同，还具有各自的特色，如淮阴区新渡的剪纸属于典型的江浙地区风格，线条精细、流畅、秀丽，造型细腻。作品主要有窗花、门栈、灯花、喜花、衣袖花、肚兜花，鞋花、鞋垫花、帐帘花、枕头花等。具有一定代表性和影响力

水上人家

金湖县陆功勋《万古流芳》

的是庞玉超的剪纸，具有做工精细、线条流畅、疏密有致等特点。其作品于 2007 年 10 月被评为"淮安市优秀旅游纪念品"， 2008 年被淮阴区委、区政府选为政府对外赠送礼品，并接受了江苏电视台城市频道的专访和

农家书屋好

踩水车

报道。洪泽县的剪纸作品融合了乡村生活场景，具有质朴无华、乡土气息浓厚的特点。作品内容多为农民、渔民生产生活场景、节令习俗、民间故事等。涟水徐加兰的剪纸兼具北方的粗犷和南方的细腻两种特点，作品线条简洁、优美流畅，注重表现地方风情，如《涟水八景》、《五岛风情》等。金湖陆功香的剪纸造型简洁、连接巧妙，注重繁简疏密变化，具有"花中有花、题中有题、拙中见灵"的特色，其代表作品是《荷花系列》、《农耕系列》等。

剪纸极具乡土气息和地方特色，创作题材来源于生活实践，其特有的普及性、实用性、审美性符合民众心理需要的象征意义，不仅对研究当地民风民俗具有一定参考价值，而且具有一定的观赏价值和收藏价值。

6. 淮扬菜

淮扬菜，主要指古代淮安（又称山阳，今淮安市淮安区）菜系，兼辅以今淮安市（原淮阴市）菜系。淮扬菜发轫于先秦，成形于隋唐。明清时期，依托"漕河盐榷"

而繁荣成重要菜系饮食流派。清末，随着京杭大运河"漕河盐榷"之利的渐形衰落，淮扬菜、扬州菜被合称为淮扬菜。淮安是淮扬美食的主要发源地。作为江苏大地上最早有人类聚住的地方，淮安地处淮河中下游，江海腹地，河湖众多，原野广袤，气候温和，禽鱼虾蟹，四季丰盈，多种农作物水果比肩接市，自古便是物产富饶的鱼米之乡，为创制美味佳肴提供了厚实的物质基础和广阔的施展空间。

史上淮扬菜的崭露头角，可见于先秦。春秋末期，吴王夫差为北上争霸中原，于公元前486年始凿邗沟达淮，由长江直接进入淮河。由此，淮安始为重要的港口城市。战国时《尚书·禹贡》录："淮夷蠙珠暨鱼"，说的就是夏禹之时，淮河下游的部落居民已以当地名产蚌珠和鱼为贡品。鱼为贡品势必包涵了对鱼独特的烹制技艺。秦汉之后，淮扬菜记载频见于典籍，尤其是白鱼、鳝鱼菜的记述多了起来。如魏晋南北朝时《齐民要术》中就记有"酿炙白鱼"，此中白鱼规格"长二尺"与后来宋代杨万里的《初食淮白鱼》诗中的"更买银刀二尺围"的标准不谋而合。隋唐之际，山阳渎连江接淮通海，淮安是著名的港口城市、贯穿全国东西南北之交通枢纽。迨及明清，淮安更是运河之都，"南船北马，九省通衢"的区位优势，使得各路盐商巨贾官督麇集淮扬"互相往来酬酢无虚日"，加快了淮帮菜与扬帮菜、徽帮菜等相互渗透融合，淮安的餐饮业迅猛发展、繁盛壮观之极。史有书载：山阳城南一直到清河马头镇，"清淮八十里，临流半酒家"、"市不以夜息"。清代康熙年间《淮安府志》记："涉江以北，宴会珍错之盛，淮安为最。民间或延贵客，陈设方丈，伎乐杂陈，珍民百味，一筵费数金。"淮扬菜也因此能够汇集各地方之精馔，融南北风味于一炉，在烹饪上形成独特技艺和完整体系，并形成了"咸鲜适中，南北适宜"的口味特色，"品一勺水而知四海味，"已是淮扬菜的标签和骄傲。

淮扬菜选料严谨且主料突出，因材施艺；制作精细，风格雅丽；追求本味，清新平和。史有淮扬菜用料"醉蟹不看灯，风鸡不过灯，刀鱼不过清明，鲟鱼不过端午"

之规，这就确保了盘中美食原料来自最佳状态，让人食而感遇美妙；淮扬菜十分讲究刀工精细，同一种原料一把菜刀，或直切或平切或斜切或背砍或拍或划，均有考究；在烹饪上善用火候，讲究火功，擅长炖、焖、煨、熘、焐、蒸、烧、爆、炒、煸、炙等多种方法，使菜品形态精致各异，口感丰盛百变，滋味鲜美醇和。淮扬菜中曾有农家老妇盛情饷客的"酒焖黄鸡"，因大文豪李白对漂母的赞誉而一举成为淮菜名品；而贫寒耕读人家的巧妇，为待客之道宰了家中仅有的一只鸡，用其不同部位快速呈现九道佳肴的"一鸡九吃"，今仍为淮安名菜佳话；更有以鳝鱼为主原料烹制108道菜肴组成的"全鳝席"和以羊为主原料制作而成的"全羊席"名盖业界，在清代全国五大宴席里独占其二，这不仅奠定了淮扬菜的历史地位，也印证着淮扬菜厨师对烹饪原料物性的深刻认识及其最充分彻底的应用，展示了精湛的烹饪技法，同时体现了淮扬菜独特的美学格调。

随着晚清的盐政改革，漕粮海运，津浦铁路开通，"漕河盐榷"如夕阳西下般日渐熄灭了辉煌，而依附于此繁华至奢的淮扬菜、扬州菜也逐渐回归理性走向本真，人们将地域特征、发展脉络相似的淮扬菜、扬州菜合并为淮扬菜。淮扬菜的厨师们"怀揣一勺走天下"，在天津、上海、北平等地开设淮扬菜馆，"文楼汤包"、"老半斋"、"震丰园"

百年文楼

等酒楼饭庄，经营着地产原料为主的肴馔，以朴实味淳名扬四海。

新中国成立之时，淮扬菜被首选为开国大典的国宴，世称"开国第一宴"，当时京城"老半斋"饭店的淮安名厨，20世纪30年代即以烹制"软兜长鱼"著称于世的已故淮安厨师界领袖张文显先生，就是"开国第一宴"的筹备参与者。

20世纪末，淮安烹饪教育事业蓬勃发展，淮安商技校、淮阴商业学校、江苏食品学院等相继设立了烹饪特色专业，为淮扬菜发展培养了大批烹饪专业人才。21世纪以来，淮安饮食市场繁荣空前，自2002年中国烹饪协会授予淮安"中国淮扬菜之乡"以来，举办了十多届"中国淮扬菜美食文化节"，吸引了全国各地淮扬菜厨师集聚淮安比赛交流，传统菜点得到挖掘，创新菜点层出涌现；而专项的"中国盱眙国际龙虾节"、"洪泽螃蟹节"、京杭大运河沿岸城市淮扬美食推介等活动，淮安市委、市政府搭台，以菜为媒，经贸唱戏，扩大了淮扬菜在全国的影响。尤其是2009年10月，建筑面积6 500平方米的"中国淮扬菜文化博物馆"在淮安建成开放，展现了自新石器时代人类活动以来淮安的饮食发展乃至淮扬菜一条主脉的萌生、发展、昌明之历程，展示了博大精深的淮安饮食文化。

在中国菜系之中，淮扬菜的文化含量，文化底蕴最为丰富。全国人大副委员长许嘉璐先生就曾评价："任何菜系都有文化内涵，粤菜就带着海洋文化内涵，河南菜至今还能感觉到宋代文化的遗留，但是淮扬菜最为浓厚。淮扬菜里体现了中国人的哲学理念，例如，淮扬菜最讲究五味调和，这就是中国"和合文化"的体现；又例如，淮扬菜就地取材、精工细作，这就反映了中国人天人合一的理念……"

淮安市委书记刘永忠用"三个不可估量"对淮扬菜所蕴含的三大财富做了精辟的阐述：淮扬菜自身蕴含的深厚文化底蕴、文化资源所带来的巨大财富不可估量；淮扬菜形成产业链以后带来的巨大财富不可

文楼汤包

大煮干丝

软兜长鱼

淮阳烫干丝

江白鱼

中国淮扬菜文化博物馆展陈

估量；淮扬菜成为国家乃至世界知名品牌以后带来的巨大财富不可估量。

围绕着和、精、清、新，追求天地万物间的太和至美，是中国古典哲学与美学的最高境界。映射到淮扬菜淮安饮食文化生活及烹饪技艺中，主要表现在三个方面：一是追求淮产烹淮菜，勿伤天和；二是追求养生为要，组配谐和；三是追求口感适中，味众至和。崇尚本味之鲜美，力求原汁原味。崇尚本色之绚丽，不过分偏重着色，以味取胜。崇尚清淡爽洁，以独特的技法，使各类羹汤菜汁或"浓厚而不油腻"，或"清鲜而不淡薄"。崇尚"一席半斋"，时鲜野蔬，清爽宜人。以上等等，早已是淮扬菜的鲜明特色。

百里不同风，千里不同俗。在漫长的淮安饮食文化演进过程中，追求健康长寿、以食养生悦生渐成淮安乡风民俗。淮安民间垂家训示子孙的饮食格言——六适箴，作为一种精神产物，潜藏着丰富的文化内涵和人文精神，实实在在的融贯于饮食生活之中，有历经数千年而一以贯之，不随时光俱湮者。她是世代万千的淮安人，祖祖辈辈点点滴滴生活体悟的积淀融汇，而凝成的集体智慧的结晶。今以现代的阐述拂去

岁月的风尘，仍然光华四射，足以令人折服珍惜并福泽后世。

（1）适生为宝。淮人生活哲学中重要一条就是充分享受人生，绝不挥霍人生。饮食之第一要义，在于存身养生，美味享受，皆从于之。所谓淡煮清蒸，"五位不过偏，三分小神仙"。

（2）适身为贵。"鱼稻宜江淮，羊面宜京洛"，遗传因素、时地气候等，不仅决定每个人的先天身体特质（虚、实、寒、热等各种类型），也影响后天的饮食习惯与结构需求。妙解自惜的淮安人抱定"人不一定从医，但不可不知医"，也坚持"洞晓病源后，以食疗之，食疗不愈，然后命药"。至今，"生冷粗硬肥鲜不可多食"仍是淮人"和脾养胃"的一条重要原则。

（3）适口为珍。淮安人在品鉴美食时，以足够的底气和自信，注重个人体验，不迷信书本权威。对时之所尚，人之所趋，显得开阔放达，从容冷静，不以耳餐目食为珍。

（4）适时为佳。时有时令，淮人深谙当令的蔬菜瓜果品质最佳，对人体也最有益；更有深义的是"先饥而食，先渴而饮"，"强食伤脾，强饮伤胃"。

（5）适量为宜。淮人千年一条腔"饱病难医"，饮食切不可过量，甚而将此升至人品的高度"君子但尝滋味，小人噇死不足"。

（6）适意为快。人须衾影无惭，俯仰无愧，才能吃得香，睡得着，所谓"人生贵适志，适志则恬愉"。

饮食的审美与求乐的学问里，蕴藏着人生的大智慧。在大力弘扬传播中华民族传统文化的今天，在民生化育、人格熏陶、人与自然和谐共生等方面，淮扬菜以其数千年的生发理蕴，解味、知味，臂助人们在异彩纷呈的现代生活中，咀嚼品味着物质和精神文化的双重享受，更让古老而现代的淮安美食文化脱颖而出，造福万民。

中国淮扬菜文化博物馆内景

第九章 特色惠民文化工程

● 乡村文化设施的现代化建设

1. 荷花广场

为打造荷乡园林特色城市名片，展示金湖跨越发展的城市建设亮点，金湖县投资 10 600 万元，利用废弃港口，建设总面积达 24 万平方米的荷花广场。该广场于 2010 年 8 月开工建设，2011 年 10 月投入使用。

荷花广场本着保护生态、服务民生的原则，以"出水荷花"为主题，建设充满荷景的园林设施，重点体现和延续金湖荷文化特色，向城区延续荷乡生态绿色文脉。整个广场布局分为"二轴、一带、六区"：二轴是衡阳路和淮河路中轴，一带是淮河风光带，六区是水乡荷韵观演活动区、风荷绿野滨水休闲区、凌波踏荷亲水赏荷区、荷风柳岸生态休闲区、荷香花溪生态游赏区和城市交通绿化缓冲区。各个景观区以草坡看台、咏荷长墙、观荷亭、天桥、树阵、浮水栈道、荷花雕塑、千荷聚池等表现荷文化内涵，以生态湿地、滨水走廊、叠石岸坡营造多层次立体式园林景观，与柳树湾湿地公园生态气息和谐统一。

荷花广场让广大市民在城区就能观赏到乡村田野的荷花，领略荷文化韵味，已成为金湖文化活动的核心集聚空间和观演场所，还将成为金湖县"十二五"期间大文化建设项目中，打造 5A 级滨湖风光带旅游景区的重要组成部分。

0   50   100   200(m)

1 广场主入口
2 荷香凝影（柳树湾景区入口）
3 柳堤（淮河西路）
4 社会停车场
5 底层架空主观演舞台
6 荷花承景台
7 露天观演区
8 荷花雕塑亭
9 露珠荷叶台
10 驭荷桥
11 赏荷坡
12 咏莲广场（西侧广场入口）
13 金荷池
14 亲荷台（亲水平台）
15 荷香台（亲水平台）
16 望荷广场

荷花广场总平面图

荷花广场鸟瞰图

洪泽湖文化广场

洪泽文体中心

2. 洪泽湖文化广场

洪泽湖文化广场占地 62 亩，总投资 6 000 万元，既有根据大禹治水、九牛二虎一只鸡等传说制作的雕塑、文化墙、龙腾柱等，又有大型电子屏、水上舞台、音乐喷泉等现代休闲设施，实现了古今、文娱等功能性与景观美学的最佳融合。该广场于 2009 年 2 月建成。

3. 洪泽文化中心

新建的洪泽文化中心占地 105 亩，建筑面积 16 220 平方米，总投资 4 500 万元。内含文化馆、图书馆、博物馆、会展中心等，集艺术培训、文艺演出、图书借阅、电子阅览、文物收藏与研究、会议接待、健身休闲、文化娱乐等功能为一体，服务半径 20 公里，服务人口 30 万人，直接服务人口 5 万人。2005 年 12 月建成使用。现已成为洪泽县的标志性建筑。

新建的砚临河风光带

4. 砚临河风光带

砚临河风光带全长 1.5 公里，总投资 6 000 万元，分文化活动区、亲水休闲区、娱乐休闲区、文化体验区、老年活动区、儿童活动区等 6 个功能区。

5. 洪泽文体中心

洪泽文化中心坐落于高速道口的新城区，总投资约 6 亿元，占地 322.5 亩，总建筑面积 12.9 万平方米，包括洪泽中学新校区、帆型教师公寓、双鱼星体育场、螃蟹型体育馆、天鹅型游泳馆等。

6. 洪泽县水纹波浪型汽车客运中心

该中心历经 1956 年建站、1968 年易址、1995 年迁建之后，2010 年由老城区迁址到新城区的宁淮高速洪泽出口东侧，总投资 1.2 亿元，客流量每天 1 万人次左右，是淮安县区中投资最大的汽车站之一。外形犹如波浪，寓意踏浪远航。

豪华游艇型宾馆

水纹波浪型洪泽汽车客运中心

7. 洪泽豪华游艇型宾棺

总投资 1.5 亿元，集餐饮、住宿等人文服务和小桥流水、园林亭榭、自然景观及现代科技于一体，是苏北唯一的标志性生态酒店。其中的豪华游艇型宾棺犹如一艘"巨轮"，迎着朝阳，起航前进。

8. 盱眙大剧院

盱眙大剧院项目位于县奥体中心南侧，总投资约 1.6 亿元，总建筑面积约 1.7 万平方米，由上海同济大学建筑设计研究院设计，目前已开工建设。建筑由剧院和规划展览馆两大部分组成，主要功能配置包括一个 1 200 座影剧院、会议厅、规划展览馆等及其他辅助配套设施，能够满足歌剧、舞剧、话剧、交响乐、综合文艺演出及大型会议召开的需要。

该项目是宣扬社会主义先进文化、加快精神文明建设进程、构建和谐社会的重要举措；也是完善城区功能，繁荣文化艺术事业，满足人民日益增长的物质文化需要的必然要求；它的建成和使用将成为城市文明程度的标志，综合实力的体现，对外文化交流的平台。也必将推动盱眙文化艺术事业迈向新起点、高层次、快速度、可持续地发展。

9. 盱眙县奥体中心

盱眙县奥体中心位于城区甘泉西路与都梁大道交汇处，自 2007 年 月开工建设，2009 年 12 月正式建成投入使用，总投资 3.5 亿元，目前为盱眙县新城区标志性建筑。由于该场馆采用较先进的设计理念，造型独特，设施一流，功能齐全，可举办大型文体活动，被当地群众喻为盱眙的"鸟巢"。

体育场建筑面积 42 234 平方米，看台座位 17 336 个，拥有标准的 400 平方米跑道的田径运动场和足球场，全进口的灯光、音响和超大电子显示屏，可满足各种文体活动需要。

体育馆的建造采用目前世界上较为先进的设计方

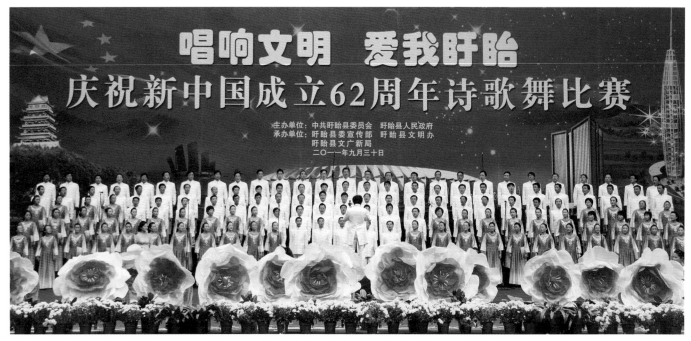

庆国庆大合唱比赛

案，为可开闭式场馆，在国内也是为数不多的。体育馆建筑面积12 495平方米，运动场地面积（木质地面）2 278.56平方米，看台座位4 830个。该场馆可举办篮球、排球、羽毛球、乒乓球、武术等室内运动项目比赛，也可举办文艺活动演出。

● 群众文化活动

1. 加强乡村文化设施建设

洪泽县坚持狠抓投入，大办实事，公共文化服务"硬实力"不断加强。2008年以来，文化建设投入累计超过10亿元，其中：投入8亿元，兴建了洪泽湖文化广场、新世纪文化广场、洪泽湖古堰风景区、砚临河风光带、夕阳红大院、岔河白马湖文化渔村、老子山"水乡泽国"等文化工程建设，总面积达1 244.3亩，全县万人拥有公共文化设施面积达到1 329.3平方米，城乡居民休闲娱乐场所不断增多，文化活动进一步丰富。建成具有地方特色的标志性电视塔，在全市县区率先建设数字影视城，实现有线电视"村村通"，用户达7万户，实施数字电视转化工程，完成32个小区2万余户的整转任务。

建成全市一流的图书馆、文化馆。新、改建了全县11个镇文化站，设备条件均已达到省级标准。建成88个农家书屋，在全市率先实现镇村全覆盖，中央电视台、《经济日报》等媒体对此进行了专题报道。

"十一五"以来，涟水县委、县政府加强基层文化基础设施建设，先后投资建成涟水大剧院、体育中心、全民健身主题公园等文化设施，即将建成青少年教育基地——涟水保卫战纪念馆（市级文物保护单位）。

涟水县积极向省、市文化部门争取资金10万元，在黄码乡建成投资50万元、建筑面积1 030平方米，设有6室2厅1礼堂，功能配套完善，富有现代农村文化气息的国家级标准化乡镇文化站1个。新改扩建武墩、盐河两文化站，每个站改扩建后活动面积达500平方米以上，达省级要求。

● 创办特色文化活动

洪泽县开展各类文化活动，打造文化品牌，满足了群众的文化需求，丰富和发展了洪泽生态文化的内涵。洪泽湖国际大闸蟹节全国有影响。2004年

环洪泽湖国际自行车大赛

成功一跃

戏水

广场之夜

起，洪泽县每年一届，连续举办了四届"中国洪泽湖水文化节·水上运动会"，在水上运动会活动中，聚集了五大淡水湖的运动健儿，特色彰显，场面壮观。在文化节期间还穿插两届"大湖讲坛"，邀请专家、学者演讲，弘扬了洪泽湖渔文化理念。2009年起又将节庆活动推向一个新阶段，举办首届"中华水典·中国洪泽湖国际大闸蟹节"。将"中华水典"的立意与洪泽湖渔文化相融合，将文化生态纳入保护和传承的视野，结合洪泽湖大闸蟹品位和商业价值进行推广宣传。整个典庆历时两个月，首创长江、黄河、淮河三江源水汇聚洪泽湖；中国首个水典仪式和水典盛演在洪泽诞生；中国最具影响的渔民水上运动会扬帆洪泽湖湾；洪泽湖大闸蟹首跃大洋访问联合国总部；洪泽湖蟹王蟹后慰问共和国三军仪仗队；共和国十大老将军蟹趣书画专场创作；洪泽湖大闸蟹走进上海十大商会；千年古堰演绎洪泽湖百里蟹宴等。将洪泽湖渔文化的文章做足做好。特别是在节庆的同时还举办"欢乐中国行"、"螃蟹运动会"、"螃蟹宠物秀"、"掼蛋大赛"等一系列颇具创意、颇受欢迎、颇有影响的宣传推介活动，这些活动不仅丰富了群众的文化生活，提升了洪泽的知名度和美誉度，还打造了洪泽湖文化品牌。

同时，将洪泽湖农渔民读书节办出特色。新世纪以来，"洪泽湖农渔民读书节"一直是洪泽县的传统

舞狮已经成为传统节日、重大节庆活动的不可或缺的演出项目，深受群众喜爱

文化项目，自2008年起将这项活动延伸至洪泽湖周边横跨淮安、宿迁的10个县市区，内容更加丰富，形式更加多样，影响更加扩大。在湖区群众中有着较好的口碑。

1. 农村十里文化圈

盱眙农村文化长廊建设经历了一个从零散到相对集中的过程，过去在一些学校、村组、街道都有一些文化漫画的板块，随着新农村建设的开展，农民集中居住区建设、工业集中区建设蓬勃发展，文化长廊出现了良好的势头。盱城镇、兴隆乡等乡镇文化长廊建设做得较为出色，成为盱眙文化生活中的一个亮点。

2. "农家书屋"全覆盖

"农家书屋"建设是清浦区近年来农村文化建设的重要工作内容之一。2007年区财政下拨20万元专款用于"农家书屋"建设。至2009年底，共建成"农家书屋"42家，达到村村有图书室，实现"农家书屋"全覆盖。2010年6月，评选出12家"星级农家书屋"，并对星级"农家书屋"进行提升工程，积极广泛开展全民读书活动。每年投入近10万元专项资金用于农家书屋出版物更新。

淮安区建成500平方米以上的标准化文化站26个，覆盖率达100%；建设自然村农家书屋308个，上架图书40多万册，实现万人拥有公共文化设施面积1 164.37平方米。车桥镇、马甸镇被省文化厅和财政厅表彰为首批江苏省公共文化服务体系示范乡镇，淮安区连续多年被江苏省文化厅表彰为"农家书屋"建设先进区。

涟水县19个乡镇都新建（置换）建筑面积不低于500平方米的综合文化站；全县375个行政村都建有20平方米以上的农家书屋，初步解决了农民朋友"买书难、看书难、用书难"问题。

近年来，盱眙县农家书屋建设坚持高标准、高要求，通过农家书屋法制文化建设，整合农村普法宣传教育资源，发挥农村法治文化建设阵地作用，全面加强农村法制宣传教育工作，提高广大农民的法律意识和法

农家书屋法制文化

变成危房的人民剧场

制意识。2010 年 3 月，盱眙县制定的《盱眙县农家书屋法治文化建设实施方案》被江苏省新闻出版局、江苏省司法厅、江苏省人民政府法制办公室作为典型在全省推广。古桑乡古桑居委会农家书屋、古桑乡三塘村农家书屋被命名为全省"农家书屋"法治文化建设示范点，盱眙县也是淮安市唯一拥有农家书屋法治文化建设示范点的县区。

3. 文化三下乡

清浦区每年承担农村"2131"工程送电影下乡 600 场、送戏下乡 20 场的放映、演出任务，4 年来，累计送戏下乡 80 场次、送电影下乡 2 400 场次。

涟水县专业剧团常年演出在乡村。涟水县淮剧团始建于 1955 年，属国家 A 类专业表演团体。因地处淮河下游、苏北平原腹地，在区域和地理环境上被业界称为淮剧界的"北大门"，为"西路"淮剧的代表团体之一。建团五十多年来，该团一直坚持"二为"方向、"双百"方针，创作演出"三贴近"题材剧目《李毓昌》、《不屈的朱前》、《血洒迎春花》、《六尺巷》、《珍珠塔》、《福寿图》、《闪光的种子》、小戏《死去活来》、《过关》等 300 余部，演出足迹遍及县内县外、城市农村，为社会主义文化的繁荣和发展，为淮剧事业的传承和创新做出了积极而有效的贡献。每个乡镇每年看到 4 场戏，年均送书下乡 20 000 册、送电影下乡 4 000 场，送戏下乡 100 场，努力满足人们群众精神文化需求。

今世缘全景图

第十章　文化旅游和谐共生

　　2008 年，淮安提出了"构筑大交通、培育大产业、发展大流通、繁荣大文化、开发大旅游"的"五大建设"，努力把淮安建设成为经济充满活力、城市特色彰显、生活品质良好、人居环境优美的区域性中心城市。大旅游作为淮安建设苏北重要中心城市的重要支柱，其发展越来越受到世人的瞩目与关注。文化是旅游的核心与灵魂，淮安是一座历史文化名城，近年来，淮安围绕历史文化资源挖掘，抢抓机遇促发展、主攻重点促提升，不断加大旅游投入，加快旅游资源开发，全市旅游基础设施建设显著改善，重大景点景区建设成效显著，旅游服务功能不断优化，旅游影响力进一步增强，知名度逐步提升，旅游产业得到较快发展。

　　"十一五"以来，淮安市不断加大旅游景区景点建设力度，投入近 40 亿元，相继新建、改建、扩建了周恩来纪念馆、市博物馆、中国漕运博物院、淮安府衙、古淮河文化生态景区等一批旅游项目。目前，全市拥有国家 4A 级景区 9 个，在全省居江北第一。成功举办了"中国淮扬菜美食文化节"、"中国盱眙国际龙虾节"、"金湖荷花艺术节"和"洪泽湖水文化节"等富有淮安特色的重大节庆活动，对内促进了旅游基础设施的改善、旅游景区景点的建设、旅游核心品牌的打造，对外提升了淮安旅游的知名度、美誉度、开放度。"周恩来故乡"、"国家历史文化名城"、"中国优秀旅游城市"、"运河之都"、"淮扬菜之乡"等城市品牌得到明显提升，"淮安红色之旅"、"淮安美食之旅"、"淮安名人故里游"等一批特色旅游线路日益为广大外地游客青睐。2011 年，

夕阳下的河下古镇石板街

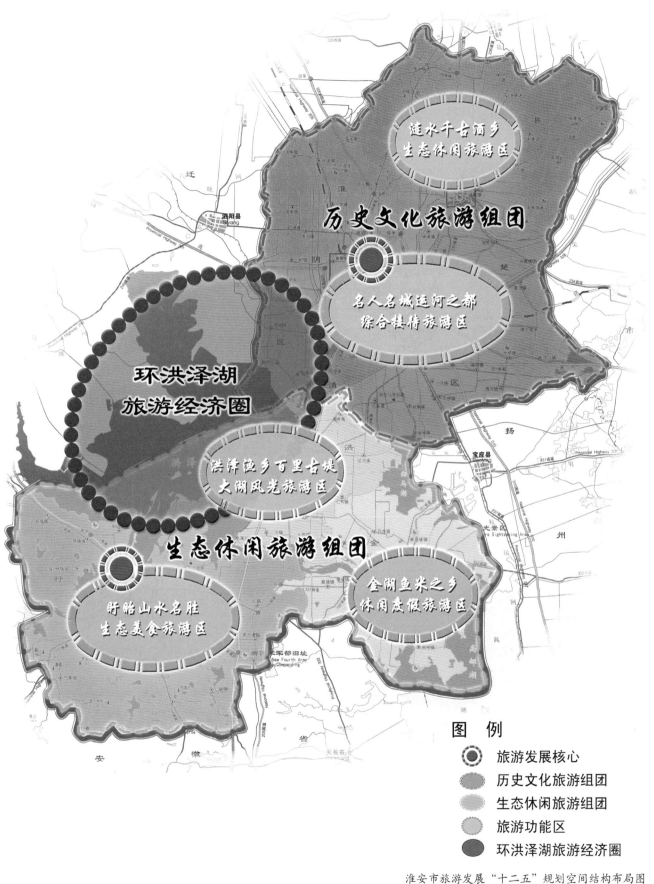

涟水千古酒乡
生态休闲旅游区

历史文化旅游组团

名人名城运河之都
综合接待旅游区

环洪泽湖
旅游经济圈

洪泽渔乡百里古堤
大湖风光旅游区

生态休闲旅游组团

盱眙山水名胜
生态美食旅游区

金湖鱼米之乡
休闲度假旅游区

图 例

◎ 旅游发展核心
  历史文化旅游组团
  生态休闲旅游组团
  旅游功能区
  环洪泽湖旅游经济圈

淮安市旅游发展"十二五"规划空间结构布局图

明祖陵神道石刻

淮安市接待国内外旅游者达到1402万人次,实现旅游总收151亿元,旅游业对经济发展的拉动作用进一步显现。淮安正逐渐成为华东地区一个重要新兴旅游目的地。

一是规划引领,旅游发展明确新方向。淮安市第六次党代会明确提出要将旅游业发展成为淮安的支柱产业,市委、市政府专题召开了全市旅游发展大会,出台了《关于加快淮安旅游业发展的实施意见》,各县区也将旅游发展摆上重要位置,市旅委各成员单位紧密配合,形成了党委、政府高度重视、业内热情高涨、社会聚焦关注,上下联动、纵横联合的大旅游发展格局。牢固树立"发展旅游、规划先行"意识,突出规划的前瞻性、协调性和可操作性,本着对发展负责、对历史负责、对实践负责的原则,对《淮安市"十二五"旅游业发展规划》进行多次修改完善,进一步明确了淮安市今后一段时期特别是"十二五"旅游业发展的方向和重点。在抓好全市总体规划的同时,各县区和一批专项规划也相继完成或启动,成为引领全市大旅游建设的总纲。

二是项目突破,旅游腾飞再添新引擎。旅游项目建设是带动全市经济又好又快发展的强大引擎,是淮安旅游工作的重中之重。始终坚持"构建大板块、谋划大项目、引入大企业、实施大投入"的思路,当年竣工79个超5000万元旅游项目,为历年之最,全年投入旅游项目建设资金达92亿元,是全省年度投资超60亿元的三个市之一。其中古淮河文化生态景区西区的开元名都大酒店、古淮楼滑雪场等一批项目建成并对外开放,景区建设获省"旅游项目建设优秀奖"。中国漕运博物馆、河下古镇、淮安府署等一批景点景区集中对外开放。日月洲生态乐园、金陵天泉湖商务中心、白马湖旅游度假区、七星生态商务岛、

淮安市旅游发展"十二五"规划空间结构布局图

洪泽湖渔人码头风景区、老子山度假区等一批重大旅游项目相继开工建设。

三是品牌提升，旅游特色彰显新优势。始终坚持把品牌建设作为旅游业发展的重点，突出重点景区景点和旅游饭店，在加快改造提升的同时，着力强化旅游服务水平的提升和旅游市场的监管力度，加强一流品牌打造，取得较大突破。其中：鼎立国际大酒店实现了淮安五星级旅游饭店零的突破；曙光国际大酒店成为全省首家通过新标准评定的四星级旅游饭店；淮安府署成功创建国家 4A 级景区，吴承恩故居、里运河文化长廊清江景区、

洪泽帆影

洪泽湖大堤铁锔（清制）

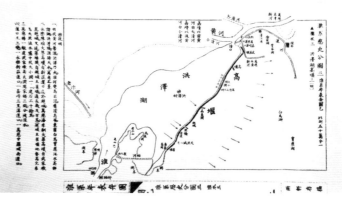

洪泽湖高堰（明代）

《洪泽湖赶网捕鱼》图

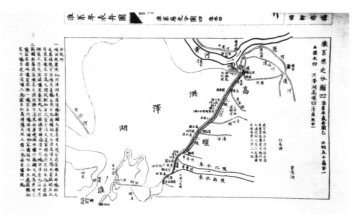

洪泽湖高堰（清康熙年代）

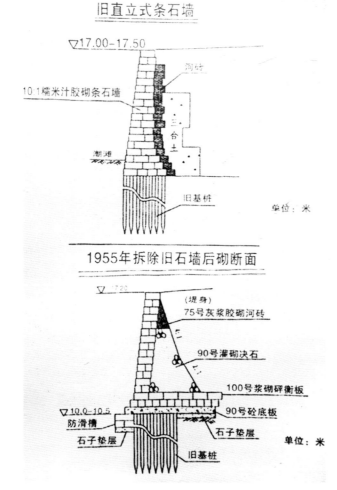

洪泽湖大堤石墙断面对比图

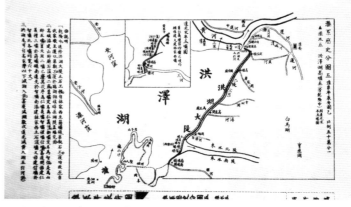

洪泽湖高堰（清乾隆年代）

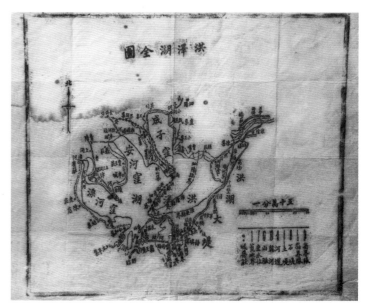

洪泽湖高堰（民国时期）

洪泽港湾

洪泽湖博物馆一角

洪泽港湾

浦楼夕照

金湖荷花荡和华夏云锦艺术馆成功创建国家3A级景区，我市4A级景区数量达到9个，居江北第一；周恩来纪念馆被人力资源保障部与国家旅游局联合表彰为全国旅游系统先进集体，盱眙铁山寺成为我省首批省级休闲度假（实验）区之一，盱眙中澳乐博园成功创建省4星级乡村旅游示范点。

四是活动助推，旅游促销凸显新亮点。以提高知名度、扩大美誉度、辐射影响力、增强竞争力为目标，紧紧围绕"唱响江苏、闻名全国、走向世界"总要求，全力加强"淮扬食府、文化名城、伟人故里、运河之都、生态家园"旅游形象塑造与促销，亮点不断涌现。省旅游局与市政府共同主办第十届"淮安·中国淮扬菜美食文化国际旅游节"。这也是江苏省第一个获省政府和省纪委正式批准的节庆活动；各县区也都结合自身特色开展了一系列的旅游节庆活动；在西安、重庆等城市举办航空旅游推介会并签署合作协议；开通上海–楚州旅游直通车，"盱眙龙虾号"旅游专列；组团参加国家、省重大旅游交易博览会。在新华日报、中国旅游报等具有影响力的报纸和国家旅游网、江苏旅游局网、淮安旅游网等开辟专栏宣传淮安旅游，在淮安日报、淮海晚报专版宣传近百次，成功吸引上海、苏南旅行社来淮踩线并签署合作协议。

淮安旅游经济在近年得到长足发展，得益于国家宏观发展环境和自身依托资源优势加快发展的努力等多方面因素，但以文化融合为纽带，大力发展文化旅游是其中的关键因素。今后，淮安将继续挖掘特色文化资源，打造以周恩来纪念景区为核心的红色文化旅游区、以漕运为核心的漕运文化旅游区、以文庙为核心的运河文化旅游区、以洪泽湖为核心的水文化旅游区、以吴承恩故居—西游记博览馆为核心的西游记文化区、以淮扬菜为核心的淮扬菜文化产业带等特色文化旅游区。只要朝着共同的目标勇往直前，就一定能够培育世界级的旅游品牌，向世界展示淮安源远流长、多姿多彩的鲜明文化形象。

文庙新天地

苏皖边区政府旧址

清河区生态园古淮楼

河下古镇夜景

淮安古城墙遗址公园

第十一章　尊师重教淮安模式

淮安自古就有"尊师重教"的传统，曾经涌现出多位文人、才子。随着社会经济的繁荣发展，特别是近年来淮安教育主动服务苏北重要中心城市建设，紧紧围绕"苏北领先、全省进位、特色显著"的总体目标，以办人民满意教育为宗旨，以推进教育现代化建设为中心，全力推进教育优先发展、优质发展、均衡发展、创新发展、服务社会发展，淮安教育事业不断实现新的跨越，自身特色不断得到彰显，逐步发展成为淮安招商引资最突出的优势之一，成为淮安对外开放最重要的品牌之一。

1. 尚学之乡

淮安历史悠久，人文荟萃，读书尚学。淮安自古就有重视教育的优良传统，汉代即兴起家学、私学，唐代开始创设官学，之后又陆续建立学宫和书院。这一优良传统，在明清时期得到了进一步发扬光大，从而在全社会逐步形成了尊师重教、读书尚学的良好风气。明清两

淮阴中学正门

淮安市民国教育建筑遗迹

李更生故居

淮阴中学新城校区内题刻

朝，山阳、清河、安东境内有书院二十余所，仅山阳一县就有社学、义学百余所。清末，由于朝廷的推动，淮安各地兴办的学堂多达百数十所。在各类学校里，学子们"攻经胪史，不厌不倦，仰止行止"，求知欲望十分强烈。"杜蓬蘽，守风雨，笃师已说，抱残皓首，而不厌"，"日不再食，而危坐诵咏"，形成了"越穷越要读书"

的良好风尚。学校如此，社会亦然。终生苦读，活到老学到老的例子不胜枚举。晚明刘源长刻苦学习，"手辑书凡千卷"；清刘退庵手抄王季野《明史稿》三百卷；清程晋芳积书五万余卷；清山阳进士吴揖堂"辑生平所见诗，凡数百家"；清秦焕早年学厨未成，后改学文，"忽然闯入儒门域，十年听彻书声琅"，终成进士……由于读书尚学蔚成风气，明清两朝，淮安人才辈出，仅山阳、清河、安东三县就出了285名进士，且三鼎甲齐全。父子进士、兄弟进士、四代五进士、七世七秀才，一时被传为佳话。

新中国成立后，淮安人民继续保持着读书尚学的优良传统。特别是改革开放以来，学习型社会建设成为助推淮安赶超跨越发展的有力抓手。"十一五"以来，在市委市政府的正确领导和社会各界的关心支持下，全市教育系统坚定不移地贯彻执行党的教育方针，坚定不移地实施科教兴市战略，全市教育综合实力不断增强，教育发展成果不断扩大，实现了"三个跨越"，即由"教育为本"向"教育优先"跨越，由"有学上"向"上好学"跨越，由"面向现代化"向"建设现代化"跨越。全市优质教育资源占67.5%，70%以上的学生在优质学校就读；全市9个县（区），已有清河区、金湖县、洪泽县、市经济技术开发区、盱眙县等5个县（区）创成"江苏省教育现代化先进县（区）"。

2. 淮阴中学历史

江苏省淮阴中学，创建于1902年。初建之时为江北大学堂，是遵旨（光绪二十八年）设立的一所高等学校，在省内外很有声誉。随着社会政治经济中心的转移，江北大学堂逐渐演变为师范学校，此后，在漫长的历史风雨中，师范学校与淮阴中学两者交替向前发展。淮中百年的艰难发展，积淀了优良的革命传统和丰厚的人文底蕴，培养出四万余名优秀毕业生，分布在国内外各个工作岗位，可谓桃李满天下。

淮阴中学新城校区效果图

淮阴中学新城校区正门

淮阴中学新城校区内景 1

淮阴中学新城校区内景 2

　　江北大学堂校址，在现今淮中北院，为清末科举考棚即考试院改设。省立第六师范时期和省立淮阴中学确立之后，学校规模逐步扩大，至 1932 年改设为省立淮阴师范时，"校舍占地 30 余亩，有 12 开间楼房二幢、16 开间楼房一幢，平房一百数十间"。与当时全省同类学校相比，办学条件较为优越。1934 年，又将学校外围房屋收买；1935 年，在女生操场北面又建楼房一排。至此，学校建设规模保持到解放初期。

　　1953 年，淮中经中央教育部批准，成为江苏省首先办好的 14 所重点中学之一，于是按省重点中学标准发展规模，在扩大北院的同时，开辟了南院，建成南北两院；

又在环城路外建设西操场。学校总面积扩至 102 亩。南北院建教学楼 5 幢、实验楼 1 幢、能容纳千余人就餐的餐厅 1 幢，同时改建了北院一批楼房。如此建设规模 30 年未变。20 世纪 80 年代中期开始，学校布局不断调整，把南院建成教学区，并重视南北两院的育人环境的建设。经不断改造，使位于古运河畔、清晏园旁的淮中校园，景点错落有致，景色秀美怡人，文化氛围浓郁。近 10 年来，学校进行教育设施的现代化建设，投资 5 400 多万元新建 17 幢教育教学用房，又投资 1 400 多万元添置了高标准的现代化教学设备，形成了以多媒体教学系统、校园闭路电视系统、计算机校园网、江苏名校网为核心的现代化教育设施格局。随着社会经济的发展和文明程度的提高以及优质教育的社会需求，老校区已限制了淮中高规格的现代化发展，中共淮安市委和市政府决定建设淮中新校区。新校区位于清浦区富春花园以东、天津路以西，北至解放东路，南临延安东路，占地面积 260 亩，总投资达 1.6 亿元。现代化、高质量、花园式的新校区于 2002 年 8 月建成，9 月份实现高中部搬迁。

1990 年以来，江苏省淮阴中学通过专家组的评估验收，先后成为江苏省合格重点中学、江苏省模范学校；2000 年学校顺利通过江苏省国家级示范性高级中学的评估验收。2002 年，学校隆重庆祝建校一百周年。

2003 年学校第四届教职工代表大会通过学校五年发展规划，确立了建设具有国际视野的、现代化、高质量、有特色的一流名校，培养更多的具有个性特长、和谐发展的"四有"新人的奋斗目标。

3. 淮安市高教园区概况

淮安市高教园区位于市区南部，京杭大运河南岸，淮海南路以东，宁连路以北，区域面积 19 平方公里。2002 年 11 月经省政府立项批准，2003 年 4 月开工建设，是江苏四大高教园区之一，至 2007 年底，淮阴工学院、江苏食品学院、淮安信息学院、江苏财经学院、淮阴商校先后入住，在校学生近 6 万人。

中国·淮安高教园区广场雕塑 1

中国·淮安高教园区广场雕塑 2

淮阴工学院

曲福田市长视察涟水新一中

第六届江苏中小学校长国际论坛在淮举办

一品梅教育论坛

孩子们

来信收到了，非常高兴。你们是周恩来故乡的孩子，是周恩来班的学生。我为你们祝福，希望你们像敬爱的周恩来爷爷那样，从小立志为"中华之崛起而读书"，长大成为祖国的栋梁之才。祝愿你们健康快乐，进步。

温家宝 八月廿日

温家宝总理给我市"周恩来班"学生亲笔回信

2007年3月，高教园区整体划入淮安经济开发区建设和管理。经济开发区当年投入3.5亿元，建设正大路、枚乘路东段、枚皋路、通甫路、中心公园等项目，掀起高教园区第二轮基础设施建设热潮。到2007年底，前期规划的10平方公里范围基础设施基本到位。

目前，园区建设正在进一步拓展和完善，市委党校新校区和商校二期建设正在实施，秋季投入使用。淮安艺术学校校址已选定，不久开工建设。天津路跨大运河桥于2009年4月通车；通甫路跨运河大桥设计已开工建设。此外，园区正在进一步完善园区绿化、路灯等市政基础设施，加快医院、中小学、超市、银行等公共设施和三产服务业配套，建设软件园区和研发中心，构建高教园区产学研、经科教一体化平台。通过3~5年的努力，园区人口规模达20万人，在校师生8万~10万人。

未来的高教园区将真正成为中高级专业技术人才的培养基地，大学科技园和研发、实训产业园，地方经济与社会发展的动力源和优秀文明社区。

4. 创造特色教育品牌

"十一五"以来全市教育总投入突破200亿元，年均增长12.40%，财政性教育经费投入基本达到"三增长"的要求。全市义务教育免费政策全面落实，义务教育债务全面化解，投入6.29亿元的"校校通"、"四配套"、

淮安市承办全省普通高中校长暑期学习会

职教区域合作发展峰会签约仪式

"两项工程"等一批重点教育民生工程全面完成，学校面貌发生根本性变化。仅 2010 年，全市即新增实验室 66 个、图书 25 万多册、计算机 5 800 多台，添置 350 多万元的实验仪器设备、670 多万元的体育艺术器材。目前全市中、小学多媒体设备达 4 000 多套，电脑 6 万多台，校园网覆盖率达 100%。清河区、金湖县、洪泽县、市经济开发区、盱眙县先后创成江苏省教育现代化先进县（区）。

打造"学在淮安"教育品牌，是市委、市政府对淮安教育提出的重要任务。学在淮安，离不开优质的学校。近年来，淮安积极开展各项创建工作，优质资源不断扩大。全市省级优质幼儿园、三星级以上普通高中和中等职业学校分别达 108 所、23 所和 13 所，分别占总数的 45.8%、70% 和 86.7%。一批优质品牌学校迅速成长，在省内外具有较高的知名度和美誉度。江苏省淮阴中学以"三精"为特色，将学校百年办学传统与当代教育思想完美融合，有力地推动了学校跨越发展，其办学经验得到省政府曹卫星副省长的批示肯定。淮安市实验小学坚持走"轻负担、高质量"的办学路子，发展成为全省小学教育界一颗耀眼的明珠，被人民网等多家媒体评为全国"改革开放三十年最具影响力的三十所学校"。淮阴师院第一附小积极开展新基础教育实验研究，取得积极成效，成为苏北第一所"新基础教育"联系学校。学在淮安，离不开优质的教师。目前全市有 69 名在职特级教师，361 名市级学科带头人，5 名江苏省人民教育

家培养对象，2 名全国职教名师。学在淮安，离不开优质的教学。不断深化课程改革，建立"伟人引路"的德育模式、"有效教学"课堂模式，着力打造促进学生全面发展、个性发展的学校生态环境，大力实施以促进体育、艺术、科技教育为目的的"333"工程。"十一五"期间，淮安为高等学府输送 12.3 万多名优秀学生。2011 年二本以上录取 11 981 人，高考录取率 77%，苏北领先；体艺类本科录取 4 017 人，全省第一；清华、北大、港大录取 31 人，居全省前列。

淮安市教育局每年确立并实施 30 多个创新项目，取得了丰硕成果，部分创新工作在全省乃至全国产生广泛影响。2009 年，成功举办以"地方文化视域中的学校文化建设"为主题的"一品梅"教育论坛；2010 年，第六届"江苏中小学校长国际论坛"在淮成功举行；"周恩来班"创建活动影响广泛。2009 年 8 月 30 日，温家宝总理给淮安"周恩来班"学生写来亲笔回信。2010 年，淮安市委、市政府召开了"周恩来班"命名表彰大会。2010 年全省表彰了 60 个省级"周恩来班"，淮安有 14 个班级获此殊荣。2011 年开展"感动淮安教育十大人物"评选活动，在全市产生较大反响，市委刘书记等市领导出席颁奖典礼并给予充分肯定。淮安教育特色和品牌在全省乃至全国产生广泛影响，2011 年中央电视台 6 次报道淮安市教育发展情况，宣传淮安市教育先进经验和先进人物。

第十二章 立体交通魅力之城

　　淮安早在明清时期就属"南船北马"的交汇之地，更有"九省通衢，七省咽喉"之美誉。如今，淮安更成为江苏腹地区位优势明显的交通枢纽。全方位立体大交通在淮安城市的体现是多元交通形式并存：运河航运、公路交通、火车与飞机，这种立体化综合运输网络格局，即京沪、宁宿徐、宁连、徐淮盐、宁淮等高速公路在境内交汇，新长铁路纵贯全境，京杭大运河、盐河等河道纵横交错，民用机场正式启用，形成了以高等级公路为主骨架、水陆空并举的交通网络，使对外交通的时空距离大为缩短，南下北上，西进东出，非常便捷顺畅。

清江船运码头遗址 1

清江船运码头遗址 2

清江大闸现状

五河口（京杭大运河、淮沭新河、二河、废黄河、盐河五河交汇）

1. 淮安大桥

淮安大桥是位于宿淮、宁淮高速公路共用段上的一座特大桥，依次跨越京杭运河、盐河、二河、废黄河和淮沭新河，2003年3月开工，2005年8月竣工，总投资3.2亿，全长2 062米，双向六车道。主桥为主跨370米、边跨152米的双塔双索面预应力混凝土斜拉桥，主塔均为"H"形结构，高137.1米，宽38.6米。与同类型桥梁相比较，有"2个国内第一（主梁宽度全国第一、承台体积全国第一）、2个国内罕见（呈梅花型布置的桩长105米的钻孔灌注桩国内罕见，大桥主墩基础施工中遇到国内罕见的近80米的超厚黏土层、施工难度国内罕见）、1个向禁区挑战"的特点。该桥的成功建设，改写了两项全国桥梁建设记录，实现了江苏省乃至全国公路桥梁建设的重大突破。

2. 淮安火车站

淮安火车站位于淮安市淮海北路与珠江路交叉处，工程总投资2.97亿元。站房主体为一层，两侧局部设夹层，站房长181米、宽约43米，建筑面积约10800平方米，内设普通候车室、母婴候车室、软席候车室、贵宾室、售票厅、行包库、办公区等，2006年1月22日在淮安、盐城、南通三站一线改造工程中率先开工，于2007年4月18日建成通车，是淮安市最大的铁路客运枢纽站。在建设中，淮安火车站坚持"以人为本、强本减末、系统优化、着眼发展"的新理念，瞄准百年不朽客站目标，按照功能性、系统性、先进性、文化性、经济性要求，全力打造精品工程。该站站台长度和钢结构外挂石材设计理念为全国最长和全国最先进，虹吸排水系统技术也属国际先进、国内领先。2007年6月，淮安火车站被列为世界火车站论坛观摩点。淮安火车站站房中心正对站前广场

中心，总平面呈"一"字形，站房建筑造型运用了柱廊这一符号作为基本元素，大量采用石材作为外墙装修材料，建筑体量高大，敦实厚重，内部空间广阔，体现了淮安历史文化底蕴，象征着周恩来总理虚怀若谷、海纳百川的光辉形象。站房与无站台柱雨棚一体化并存，体现了现代火车站的建筑特征。站前广场设有公交车、出租车及社会车辆等各类停车场，旅客通过广场站前平台进入车站内候车，通过出站地道及楼梯到达检票厅出站。

淮安火车站新貌

淮安机场外景

3. 淮安涟水机场

淮安涟水机场位于淮安市东北方向，涟水县陈师镇境内，距离淮安市中心 22 公里，2008 年 10 月 8 日获国务院、中央军委批复同意兴建，是国家"十一五"规划建设的重点支线机场，2008 年 10 月举行奠基仪式；2010 年 6 月，完成全部土建工程及航管楼、塔台、导航台的设备安装；2010 年 9 月 26 日，淮安涟水机场提前通航。工程总投资约 8 亿元，征用土地约 2300 亩，主要有飞行区跑道长 2 400 米、宽 45 米，机位 4 个，航站楼 14 600 平方米，达到一类口岸开放条件，还有通信、航管、气象、导航等配套设施。淮安涟水机场本期设计目标年为 2020 年，按照满足年旅客吞吐量 60 万人次、货邮量 4 800 吨的需求设计，机型以 B737、A320 系列机型为主，拟按国内民航支线机场一次规划、分期建设，飞行区近期等级为 4C 级，远期为 4E 级。目前，淮安涟水机场已开通北京、上海、广州等九个城市的航线，近期将开通大连、云南、香港、台湾等航线。

淮安机场室内

淮安机场

4. 盐河航道整治工程

盐河南起淮安市淮阴区杨庄，北到连云港市区玉带河，全长 144.8 公里。在江苏"两纵四横"干线航道网规划中，盐河航道被列为"一横"，是淮河出海航道的重要组成部分，起着直接沟通京杭运河和连通"两纵"的重要作用。盐河航道整治里程 91.6 公里，其中淮安境内 77.9 公里，按三级航道标准进行建设，新建三级船闸 2 座，改建、新建跨河桥梁 7 座，船舶停泊锚地 2 个。概算投资 32.82 亿元，计划工期 3 年，计划 2012 年底前建成通航。该工程自 2009 年开工以来，累计完成投资达 25.81 亿元，已完成工程质量合格率 100%。截至目前，杨庄、朱码两座二线船闸土建主体建成，闸阀门已进场安装、房建上下闸首机房已经封顶；航道工程全部进场施工；华能一期钢桥、宁连路大桥、殷渡桥完成交工验收，北京路大桥进入

生态型护岸施工

扫尾阶段，近期通车。

工程完工后，盐河航道可畅行 1 000 吨级船舶，成为淮河流域最便捷、最经济的一条出海通道，并通过沟通淮河和京杭运河，对于进一步完善长三角综合运输网，直接服务苏北地区和安徽、河南、山东等地的物资流动，推动淮河流域、京杭运河沿线城市的经济发展将发挥重要作用。同时，盐河将直接连接国际化大港连云港，对于做大做强连云港，充分发挥连云港现有疏港航道效益，推动沿海产业带的隆起和周边喂给港的发展，对促进区域经济共同发展同样具有重要意义。

北京路大桥

航道施工

杨庄二线船闸

杨庄二线船闸

朱码二线船闸施工现场

第十三章 城市建设文化之魂

文化的历史延续和基因传承在城市化建设中意义重大。从"功能城市"到"文化城市"绝非城市现代化进程中的"点缀",更不是市民文化生活中的"剧场",它是推动城市蝶变的强大力量,以文化人、以文兴业、以文塑城、以文咨政,正是淮安彰显时代精神的文明之城的发展之策。实践使淮安人意识到,传统文化承载的意义不言而喻,在时代进程中是不可或缺的,但原生态并非一成不变,文化更应成为城市经济的行囊。这就是文化淮安与城市化发展相辅相成的辩证法,这就是为什么淮安的城市化创新汇入昨天传统带来的文化增值。文化城市的发展是一个庞大的构建,但文化建设为城市化发展带来的不仅有新颖外形的城市地标及建筑集群,更有让城市独具宜居能力的住宅组团与居民新城。如今,文化淮安建设使淮安城市化竞争力后劲无限,人们的文化自信获得极大提升,并升华为群众性的城市荣誉感,成为城市化发展的幸福指数及软实力,越来越凝练成这座城市的文化个性。

1. 红喜会馆

红喜会馆位于清河新区婚博园公园内,是集婚庆展示、婚庆策划、婚庆餐饮于一体的综合会馆,也是国内唯一的专业婚庆会馆。会馆环境优雅,品质高端,不仅有高贵大方的花瓣形宴会大厅,更有举办西式婚礼的薇婷礼堂、五星级客房、奢华 KTV 包间、温泉 SPA 及红酒慢摇吧。在这里尽享尊贵奢华;在这里体验温馨浪漫;在这里感受幸福味道,让红喜会馆为新人带来童话婚礼,

红喜会馆(沿湖面)

让红喜会馆为新人留下终身难忘的回忆。

2. 万达广场

万达广场位于水渡口中央商务区东北角,南临钵池山公园,北临古黄河风光带。总用地面积约 200 亩,地上建筑面积约 50 万平方米,其中商业部分约 20 万平方米。万达城市综合体是一座包含了万达特色的大型商业、写字楼、酒店、公寓及高档住宅等多种业态,是集购物、餐饮、娱乐、休闲、商务等多种功能为一体的城市生活体验中心。

淮安万达广场

3. 雨润中央新天地

位于淮海广场中心商业区东南片区,该项目用地面积约 4.34 万平方米,总建筑面积约 40.14 万平方米,其中地上建筑面积 34.72 万平方米,地下建筑面积 5.42 万平方米,主体建筑由一幢 326.6 米(含顶部构架)的超高层综合楼和三幢 150 米以上的超高层住宅楼组成,

红喜会馆(沿路面)

雨润中央新天地

淮安茂业大厦

商业裙房为 7 层，建成后将成为江北第一高楼。该项目融购物、金融、餐饮、休闲、娱乐、酒店、办公、居住等多种功能于一体，为目前我市在建最大的商业综合体项目，进一步集聚了中心商业区的人气，提升了城市形象。

4. 茂业大厦

茂业大厦位于淮海广场中心商业区西南片区，项目总用地面积为 14 090.6 平方米，地上建筑面积 11 9770 平方米，商业裙房共 7 层，建筑高度为 37.3 米（局部 40.5 米），办公塔楼为 44 层，建筑高度为 177.5 米。项目功能由地下停车库、地下超市、裙房商业、塔楼办公组成。地上塔楼建筑立面风格独特，采用石材和金属构件，玻璃使建筑立面既有延续性又有分区性。材质上，裙房采用石材与玻璃幕墙相结合，勾缝处采用十字发光

体，在夜幕中闪闪发光。外立面利用石材和金属构建，玻璃排列使建筑高耸挺拔，令人震撼。

5. 淮安神旺大酒店

淮安神旺大酒店位于淮安市清河区翔宇大道西侧，东与钵池山公园隔路相望。酒店占地面积约 1 万平方米，地面建筑面积约 3.8 万平方米，建筑层数 22 层，共有客房总数 387 间（套），此外还兼有餐饮、娱乐、商务会议等功能，酒店周边环境优美，交通便利，是一座四星级酒店。

淮安神旺大酒店

淮海第一城

6. 淮海第一城

淮海第一城位于淮海广场中心商业区东北片区，南临城市主干道淮海东路，西临交通路。项目总占地面积290亩，被一条城市支路划分为南北两片，北区为住宅区，占地面积为9.7万平方米，地面建筑面积约13万平方米，南区为商住综合区，占地面积为9.57万平方米，地面建筑面积约27万平方米。北区主要为居住小区，建筑以多层为主，闹中取静，以人为本，景观优美，体现自然。南区为集商务办公、百货、超市、餐饮、娱乐、居住等多种功能于一体的商住综合区，商业氛围浓厚，人气鼎盛。

7. 新亚国际购物中心

新亚国际购物中学位于淮海广场中心商业区东北片区，主体建筑26层，建筑高度99.6米，地上建筑面积108 929平方米，其中商业裙房8层，商务办公18层，地上建筑面积10.9万平方米，是淮安已建的最高档商办综合体之一，业态内容丰富，涵盖超市、主题百货、餐饮、娱乐、休闲、健身、金融、办公等概念于一体，商业氛

新亚国际购物中心

丰惠广场   金马广场

围十分浓厚，为苏北地区最知名的大型商业设施之一。

8. 丰惠广场

丰惠广场位于水渡广场西侧，淮海东路南侧，和平东路北侧。该项目总占地面积约为 12 766.6 平方米，地上建筑面积 57 252.8 平方米，建筑主体高度 136.4 米，共 37 层，是一座商务综合楼，建筑立面简洁，造型挺拔，是近年来已建成、为数不多的超高层地标建筑。

9. 金马广场

金马广场位于淮海广场中心商业区东北片区，主体建筑 29 层，建筑高度 99.15 米，地上建筑面积 63 271 平方米，主体由两幢塔式高层构成，裙房 6 层，

商住综合体项目，融购物、休闲、餐饮、娱乐、居住等功能于一体，该项目的建设进一步加快了中心商业区的改造步伐。

10. 盱眙龙虾产业集团总部大厦

盱眙龙虾产业集团是由盱眙县政协办引进江苏盱眙龙虾股份有限公司投资兴建，总投资额 2.2 亿元，集团总部大厦位于盱眙山水大道与梅花大道交界处，建筑面积 2.2 万平方米，主楼 19 层，高 99 米，集龙虾形象展示、龙虾科研、会务中心以及餐饮服务为一体，承载"一部、一校、六中心"的重大功能。

盱眙龙虾集团龙虾大厦鸟瞰图

新城投资大厦

下篇——文化创意与未来

经济决定地位，文化决定未来。人们对城市发展的认识已经不再局限于历史、资源、经济总量等传统指标，而是基于城市竞争力基础上多层面的认知和评价，如城市文化软实力、城市品牌建设等内容。文化铸就城市的灵魂，文化铸就城市的品质，文化引领淮安城市建设的一个个新跨越。从封闭走向开放，从内河走向海洋，从发展走向繁荣，从现在走向未来。相信新的文化"淮军"将以自己的文化软实力展现给世界一个创意与希望之城。

第十四章 《淮安城市总体规划》解读

2009年9月19日，淮安市人大常委会审查通过《关于淮安市城市总体规划（2008—2030）的决议》，2011年7月31日，江苏省人民政府正式批复淮安市城市总体规划，并提出了11条意见，其中特别强调了重视城市特色塑造的大方向。这无疑成为淮安加快现代化进程，重视尊重并继承发扬文化传统，留住淮安文化特质之根提供了富有前瞻性的建设方针。如在《总规》第三章、第九章共计有23条论及历史文化名城与建筑遗产保护问题，其内容十分准确而深刻，不仅在于传播淮安历史文化名城的丰富建设经验，更在于为全国同行提供传统与现代成功发展的城市化示范"样本"。

● 市域历史文化资源保护的总体要求

（1）发掘历史上曾有的古城格局，结合城市公共空间环境的改善进行展示和利用。

（2）加强古镇古村普查，对符合各级历史文化名镇名村条件的古镇古村积极进行申报工作。

（3）开展文物保护单位的"四有"工作，对符合文物保护单位和历史建筑条件的文物古迹进行申报和公布。

（4）重视地下文物的考古和探明工作，对确定有重点地下文物埋藏的地区应及时报规划建设管理部门，划定保护范围进行控制管理。

（5）积极挖掘各类非物质文化遗产，保护传承人，落实空间载体，恢复相关节庆活动，传承和延续民俗文化。

● 大运河遗产保护

保护集中大运河淮安段文化遗产。保护大运河水利工程及相关文化遗产、其他大运河物质文化遗产、运河聚落遗产、大运河生态与景观环境和大运河相关非物质文化遗产。

● 市域四县历史文化资源保护指引

1. 涟水县

积极挖掘和展现连口郡城、安东县城的历史格局。普查挖掘县域的古镇古村；保护县域的各类文物古迹，尤其注重城区各类文物古迹和外围古文化遗址、古墓葬及地下文物的保护；保护并传承工鼓锣、淮海琴书、高沟今世缘酒制作等非物质文化遗产。

2. 洪泽县

保护洪泽湖大堤及沿线的拥抱群众利益碑等碑刻、三河闸遗址及镇湖神兽等文物古迹，推进洪泽湖大堤申报世界文化遗产的进程；加强洪泽湖内洪泽镇等水下文物的保护与控制；保护县域古文化遗址、古墓葬及地下文物的保护；保护并传承洪泽湖渔鼓、朱坝活鱼锅贴烹饪技艺、安淮寺庙会、"九牛二虎一只鸡"的传说等非物质文化遗产。

3. 盱眙县

积极挖掘和展现盱眙古城的历史格局；保护第一山、铁山寺、八仙台、天泉山等风景名胜；保护古泗州城等水下文物；普查挖掘县域的古镇古村；保护县域的各类文物古迹，尤其注重城区各类文物古迹和外围古文化遗址、古墓葬及地下文物的保护；保护并传承水漫泗州城的传说等非物质文化遗产及盱眙深厚的名人文化。

4. 金湖县

深入挖掘金湖塔集镇作为"尧帝"故里的文化内涵；保护金湖的河湖水系，展现其苏北"小江南"的水乡特色；

	图例
市域中心城市	省界
市域次中心城市	市界
重点镇	县（区）界
重点中心镇	乡镇界

城镇人口规模

淮安市城市总体规划（2009-2030）市域城镇体系空间结构规划图

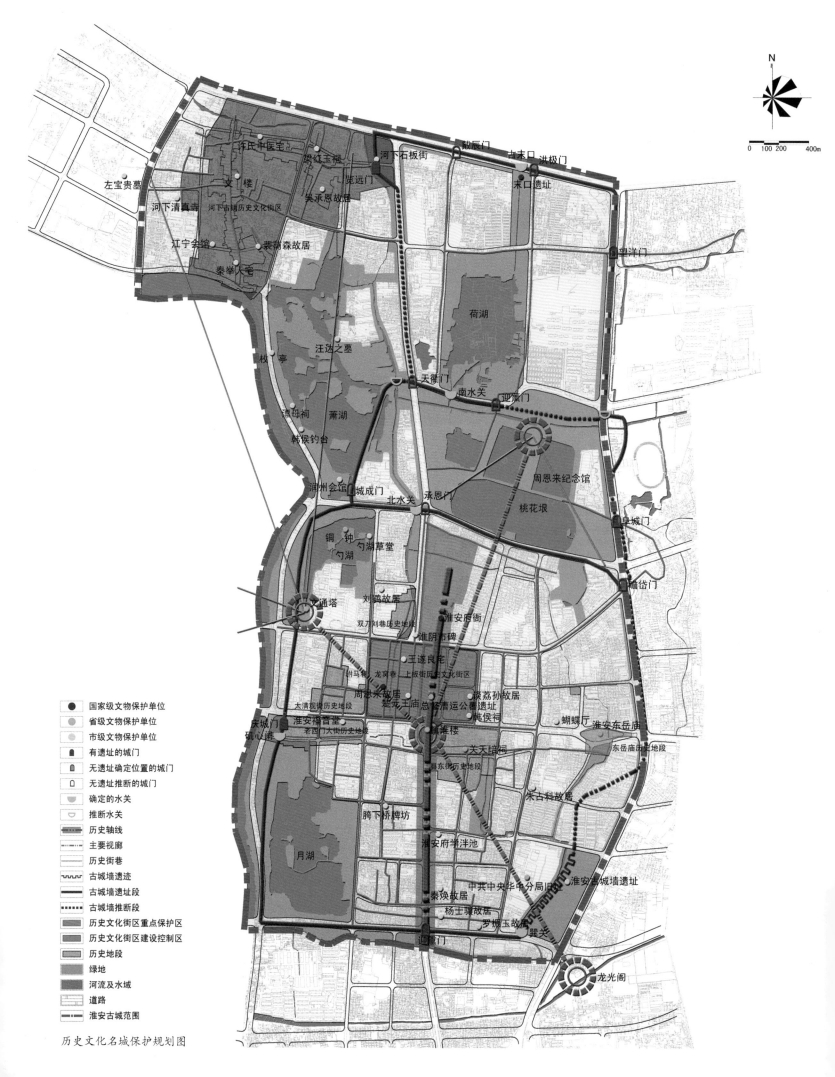

左宝贵墓

许氏中医宅
梁红玉祠
河下石板街
戴辰门
古末口 洪极门
文楼
览远门
末口遗址

河下清真寺 河下市镇历史文化街区
吴承恩故居

江宁会馆
裴荫森故居
翠洋门

秦举人宅

荷湖

汪达之墓

枚 亭

漂母祠 萧湖
天衢门
南水关 迎薰门

韩侯钓台
周恩来纪念馆

桃花垠

润州会馆 城成门
北水关 承恩门
阜城门

铜 钟 勺湖草堂
勺湖

瞻岱门

文通塔
刘鹗故居

双刀刘巷历史地段
淮安府衙

淮阴市碑

王遂良宅

洲马巷 龙窝巷 上板街历史文化街区

周恩来故居
谈荔孙故居

太清观候历史地段
楚元王庙总督漕运公署遗址

庆成门 淮安福音堂
龟侯祠
蝴蝶厅 淮安东岳庙

砚心涧 老西门大街历史地段
镇淮楼
东岳庙历史地段

关天培祠

县东街历史地段

宋古科故居

胯下桥牌坊

淮安府学泮池

月湖

中共中央华中分局旧址 淮安古城墙遗址
秦焕故居
杨士骧故居
罗振玉故居

迎薰门
巽关

龙光阁

历史文化名城保护规划图

清江大闸

洪泽湖岸边石碑

泗州城遗址（摄于2012年5月4日）

普查挖掘金湖县域的古镇古村；保护县域的古文化遗址、古墓葬及地下文物，加强县域水下文物的保护；保护并传承金湖秧歌、金湖剪纸、香火会等非物质文化遗产。

● 古城格局保护

1. 城池格局的保护

保护现存城墙、城门、水关、护城河遗迹，已经纳入文物保护单位保护的严格依法保护，未纳入文物保护单位保护的现存城池格局遗迹应当积极逐级申报为各级文物保护单位。

2. 中轴线的保护

保护由"淮安府衙—漕运总督部院遗址—镇淮楼—迎薰门（老城南门）遗址公园"组成的古城中轴线。

3. 道路街巷格局的保护

保护和延续以总督漕运部院为中心的棋盘式街巷格局；保护历史街巷的线型和走向，未经论证不得拓宽。

● 历史文化街区的保护

1. 保护范围

（1）河下古镇历史文化街区：东至广济桥，南至

洗墨池

涟水人为纪念米芾建造的米公长廊

月塔（修复前）   月塔（修复后）

里运河，西、北各至自然街巷。

　　（2）上坂街、驸马巷和龙窝巷历史文化街区：北至东门大街，南至镇淮楼西路，西至西长街，东至院西街。

2. 保护要求

　　历史文化街区内建筑的保护与更新应体现历史的真实性、风貌的完整性和生活的延续性；历史文化街区内建筑进行分级保护、整治和更新；严格保护历史文化街区的街巷道路和空间尺度，不得拓宽、改变现有道路；逐步调整不合理的土地使用功能；完善市政设施和绿化环境系统。

　　《总规》中可贵的是不仅突出了规划原则、规划目标，还有极为细化的保护内容，既强调了保护历史真实载体、保护历史环境，又强调了文化的传承及永续利用，使文化淮安的内涵已呈先进、高尚、智慧、优秀的品质与追求，其规划思想契合了国家文化复兴大格局的转折点，更拓展了淮安城市文化在现当代的新崛起。如2008年6月，淮安市决定依据《总规》，以"东扩南连、三城融合、五区联动"为动力，以经营城市为载体，通过经典规划、精致建设、精细管理建设淮安生态新城。如今的生态新城建设者遵循市场化运作规律，按照坚持低碳生态发展理念，紧紧围绕国家低碳城市示范区创建要求，正全力有序推进各项建设，努力将生态新城打造成一座倡导低碳经济的生态之城，一座促进持续发展的活力之城，一座引领健康生活的宜居之城，一座实现和谐共生的幸福之城。

第十五章　文化淮安未来蓝图

● 共性部分

未来五年是淮安建设苏北重要文化中心城市的黄金期。按照淮安文化强市建设和文化建设工程目标，到2016年，淮安文化建设将实现以下主要目标。

（1）打造一批（7个左右）全国性文化品牌（周恩来读书节、中国淮安周信芳戏剧节、中华缘文化节、东方母爱文化节、洪泽湖水文化节、国际龙虾节、台商高级论坛）。

（2）万人拥有公共文化设施面积超过2 000平方米，文化服务设施、机构数量和文化遗产数量位居全省前列；实现市县区图书馆、文化馆、博物馆全达标全免费，实现全市公共文化服务数字化、城乡影院数字化、城乡有线数字电视一体化的全覆盖；新建扩建一批县区重点文化设施。

（3）创建1～2个省级文化产业示范基地（园区），形成影视、动漫网游、数字印刷等新型产业基地，建成"红楼梦世界"、西游记文化旅游城、刘老庄红色影视基地；文化产业增加值占GDP比重超过6%，其中文化产业园区经济增加值占文化产业总增加值比重超过60%；形成发行量超百万份（册）的品牌报纸期刊，国内知名门户网站数、新媒体竞争力苏北领先。

（4）全市公共文化财政支出增幅高于财政一般预算支出增幅；城镇居民文化消费支出占家庭消费支出比重超过18%。

（5）"四个一批"文化高端人才、经营管理人才数量在全国地级市处领先地位。

● 专题部分

未来五年，将加快推进文化体制机制改革，探索文化事业和文化产业发展的"淮安模式"，不断解放和发展淮安文化生产力。

一是进一步深化国有文艺院团改革，组建市演艺集团，帮助转企院团培育新型文化市场主体，建立扶持转制院团发展的长效机制，推动转企院团打造精品力作。同时，积极稳妥推进非时政类报刊转企改制。

二是进一步完善公益性文化事业单位内部机制。不断深化公益性文化事业单位内部人事、收入分配和社会保障制度改革，引入竞争和激励机制，增强面向市场、面向群众提供公共文化产品和服务的能力。

三是推动已转制企业完善法人治理结构，建立现代产权制度和资产经营责任制，积极引导文化企业兼并、重组和力争上市，形成健全的、有利于文化产业发展的政策法规体系。

四是健全和规范文化行业组织，把政府职能转到对基层公共文化服务和文化产业的规划、指导、协调、监督和管理上来。

五是不断推进文化运行机制和文化科技创新，大力发展文化科技事业，增强文化艺术事业在当前知识经济时代的适应与竞争能力。

六是继续深化文化行政体制改革，增加公益性文化事业单位人员编制，整合强化行政执法力量，进一步完善高端人才引进政策，为文化强市建设增添内在动力与活力。

● 个性部分

1.2008年以来"大文化"发展情况

2008年以来，淮安大文化"五大中心"建设工作取得了超出预期的发展成果，文化投入总量不断增加，全社会累计投入34.5亿元，其中，财政对文化设施的投入达4.53亿元。公共文化设施面积、规模和文化产品数量等主要指标均超额完成，"十一五"末，全市公共文化服务机构数量位列全省第三。

主要体现在以下几个方面：一是以设施为重点的公共文化服务体系建设实现了新跨越，初步形成覆盖城乡、总面积达45万平方米的公共文化设施网络，各级各类

淮安市国际会展中心鸟瞰

文化设施全部免费开放，受益群众逾 200 万人次。二是以精品工程为龙头的文化产品供给能力实现了新跨越，继续保持了戏剧、文学、书法在全省领先地位，音乐、舞蹈、影视、动漫等方面的创作与生产得到快速发展。戏剧、书法屡屡在全国和地区大赛中获奖，数量和档次名列全国地级市前茅。三是以重大活动为载体的文化品牌创新实现了新跨越，高质量完成了本市和全国、全省有较大影响的文化赛事，自主创办的"2010 周恩来读书节"和上海世博会"江苏·淮安文化周"系列活动在全社会产生广泛积极影响。四是以提升历史名城品位为路径的文化遗产总体保护实现了新跨越，第三次全国文物普查中 80 多个文物保护单位及环境整治有序进展，山头遗址等考古发掘和大云山西汉古墓群考古勘探引发社会密切关注，有 39 个项目入选国家文物保护"十二五"规划，十番锣鼓、金湖秧歌、京剧（荀派）和淮海戏入选国家级非遗名录。五是以舆论引导和行业监管为基础的广播影视事业发展实现了新跨越，建立健全了重大事件、敏感时期的宣传应急预案和抵制低俗之风、互联网

淮安市国际会展中心内景

淮安市国际会展中心局部

和电视广告监管长效机制，有线电视先进县、示范县、户户通和"无小耳朵"社区创建活动取得积极进展。六是以转变发展方式为主线的新闻出版和版权事业实现了新跨越，出版精品出版物近30种，新闻出版产业年销售收入逾20亿元，年创利税约2.3亿元，省级版权保护示范城市创建、软件正版化建设，促进经济发展的作用日益凸显。

随着淮安市经济发展方式的重大转变，以重大项目带动为举措的淮安文化产业发展实现了新跨越，呈现出快速发展势头。2010年全市文化产业实现增加值28.89亿元，占GDP的比重为2.09%，文化产业年均增长速度高于同期GDP增长幅度。楚汉文化、华娱动力传媒、北京中录时空等有一定规模和市场份额的影视制作企业、连锁网吧企业等文化市场主体入驻淮安，江苏劲嘉、淮安秉信等产值超亿元，建成淮安软件园、清河动漫产业基地"壹街区"、淮阴科技产业园区、洪泽安芯数码港等项目，报业集团和广电传媒营业性收入近3亿元，产业发展势头迅猛。

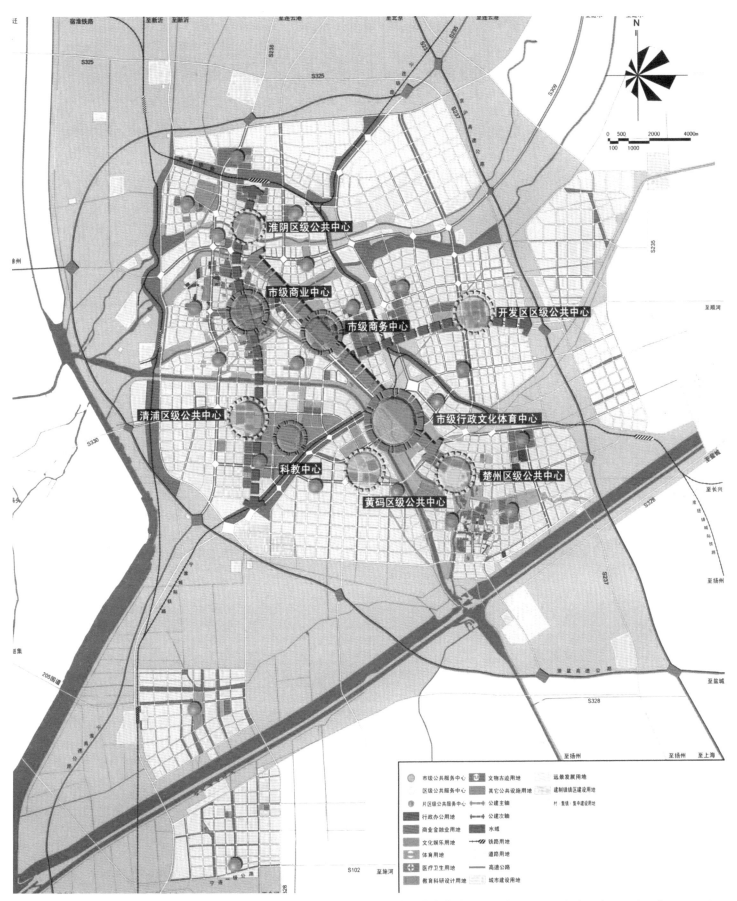

淮阴区级公共中心

市级商业中心

市级商务中心

开发区区级公共中心

清浦区级公共中心

市级行政文化体育中心

科教中心

楚州区级公共中心

黄码区级公共中心

淮安市城市总体规划（2009-2030）中心城区公共服务设施规划图

万达广场

淮安书城

丰惠广场与电信大厦

金马广场

神旺大酒店

新亚广场

淮安市中级人民法院

淮安市妇女儿童活动中心

中国西游记博物馆

中国西游记博物馆内景 1

中国西游记博物馆内景 2

清河区中国城市化史馆

2. 未来五年文化发展目标及措施

1）未来五年主要任务

未来五年，淮安文化建设将坚持中国特色社会主义文化发展道路，把社会主义核心价值体系建设融入贯穿到文化建设各个方面和全过程中，把握文化科学发展主题、把握加快文化强市建设主线，坚持"三提升"，即以提升公共文化服务能力为基础，以提升淮安文化软实力为核心，以提升文化科学发展整体水平为关键；做到"三突出"，即突出淮安特色，突出强市目标，突出科学发展，实现"三推进"，即全速推进淮安"大文化"建设；全速推进文化强市建设、全速推进文化中心城市建设，坚定地组织实施淮安文化建设工程，以文化建设发展改革的最新成果，推进淮安经济社会又好又快发展。

2）未来五年主要目标

（1）文化育人的凝聚力显著增强。社会主义核心价值体系建设深入推进，公民素质明显提高，新时期淮安精神广为弘扬，主流舆论更具公信力、影响力，全市人民为建设富庶、美丽、幸福新淮安的思想基础更加牢固，开放、亲民、创新等淮安特色文化更加深入人心。

（2）文化惠民的服务力显著增强。大力繁荣社会文化事业，健全和完善城乡群众性文化设施和文化服务网络，实现市县区图书馆、文化馆、博物馆全达标全免费，实现全市公共文化服务数字化、城乡影院数字化、城乡有线数字电视一体化的全覆盖，新建扩建一批县区重点文化设施，打造城市"15分钟文化圈"和农村"十里文化圈"。全市公共文化财政支出增幅高于财政一般预算支出增幅，城镇居民文化消费支出占家庭消费支出比重超过18%。

（3）文化创作的生产力显著增强。形成艺术门类齐全的创作生产集群，完善淮安文学、书画、摄影、戏剧、音乐、舞蹈等艺术发展规划，推出一批富有思想震撼力、艺术感染力和鲜明时代气息的艺术精品，创作一批人民群众喜闻乐见、雅俗共赏、品位较高的精神文化产品，在大作大剧大戏上有所突破，各文化艺术门类在省、国家级重点奖项评比中实现更大突破。

（4）文化产业的竞争力显著增强。文化产业逐步发展壮大，结构更加优化，培育形成一批过亿元企业，创建1个国家级文化产业示范基地（园区）和2个省级文化产业示范基地（园区），形成影视、动漫网游、数字印刷等新型产业基地，建成"红楼梦世界"、西游记

长荣大剧院正门

长荣大剧院

文化旅游城、刘老庄红色影视基地；文化产业增加值占GDP比重超过6%，新兴文化业态在文化产业中的比重达60%，文化产业园区经济增加值占文化产业总增加值比重超过60%；形成发行量超百万份（册）的品牌报纸期刊，国内知名门户网站数、新媒体竞争力苏北领先。

（5）文化队伍的影响力显著增强。重点打造一支规模宏大、结构合理、素质优良、富有开拓精神和创新能力的文化人才队伍，使淮安成为更富吸引力、更具创造活力的文化人才聚集地，培育一批在全省全国有影响的文化团队。

3）未来五年主要措施

为实现上述重点目标任务，我们在六个方面取得重点突破：

（1）着力在文化体制改革上求突破，进一步深化文化行政管理体制改革、深化企事业单位内部人事、保障、分配"三项制度改革"。

（2）着力在推进公共文化单位全免费全开放上求突破，加快社区文化中心、农村有线电视、数字影院等基础文化设施建设，打造城市"15分钟文化圈"和农村"十里文化圈"。

（3）着力在现实题材等文化产品创作上求突破，加大"三农"题材、工业题材、少儿题材文化产品创作的扶持力度。

（4）着力在实施重大项目带动上求突破，加快影视、动漫网游、数字印刷等新型产业发展，支持"红楼梦世界"、西游记文化旅游城等文化产业建设，推进淮安运河文化旅游产业集聚区等一批文化创意产业园区建设。

（5）着力在文化遗产总体保护上求突破，做好大运河申遗的各项工作，推进大云山汉墓等一批博物馆、遗址公园建设。

（6）着力在高端文化人才队伍的建设管理上求突破，完善文化人才科学发展规划，完善人才选拔、评价和激励机制，组建淮安文化干部管理学校，打造一支富有创造活力的"文化淮军"。

长荣大剧院内景 1

长荣大剧院内景 2

长荣大剧院内景 3

淮安钵池山公园

金蝶苑宾馆

清河区生态园耶稣教堂

第十六章　工业园区产业设计

淮安工业园区文化产业的空间总体格局为"一廊一心一节点"，即古盐河文化走廊、中央文化景观区、庐山路创意城市社区及衍生产品加工制造区节点。主要侧重于以下三个方面，规划园区文化产业基地。

● 立意新颖，展示园区生态特色

园区文化产业或镶嵌于古盐河生态公园，或紧邻公园周边，实现在空间上的交融生辉显得尤为重要。项目个性上，既紧扣公园整体风格，实现有机结合，又实现唯一、无偶的境界，避免雷同。项目背景上，结合公园建设，塑造树、花、草的立体美感，构建碧波荡漾心旷神怡的恬静感觉。项目特点上，格外注重动静结合，参与性与展示性相统一，把参与性定位在原始性、原野性上，妇孺老少皆宜，把展示性定位在实物性、直观性、

情景性上，游者过目不忘，重点建设农耕文化体验基地、亲水文化体验会馆、湿地文化体验基地、环保文化博览主题公园等。

● 结合实际，确立产业发展方向

园区远离主城区，文化产业发展的先天条件严重缺乏，功能上必须为园区配套，立足服务园区、服务淮安。第一，与城市功能相衔接。以创意办公、时尚消费、餐饮休闲等为主导功能，引进成熟的知名文化旅游和演艺娱乐品牌，形成文化氛围浓厚、吃住行购娱游业态发达、特色彰显、创意丰富、科技含量较高，以文化旅游、演艺娱乐为带动的文化产业集聚、联动与辐射的立体空间。第二，与地域文化相衔接。做好传统文化收集、筛选、整理等工作，深度挖掘本土文化，

淮安工业园区孵化楼

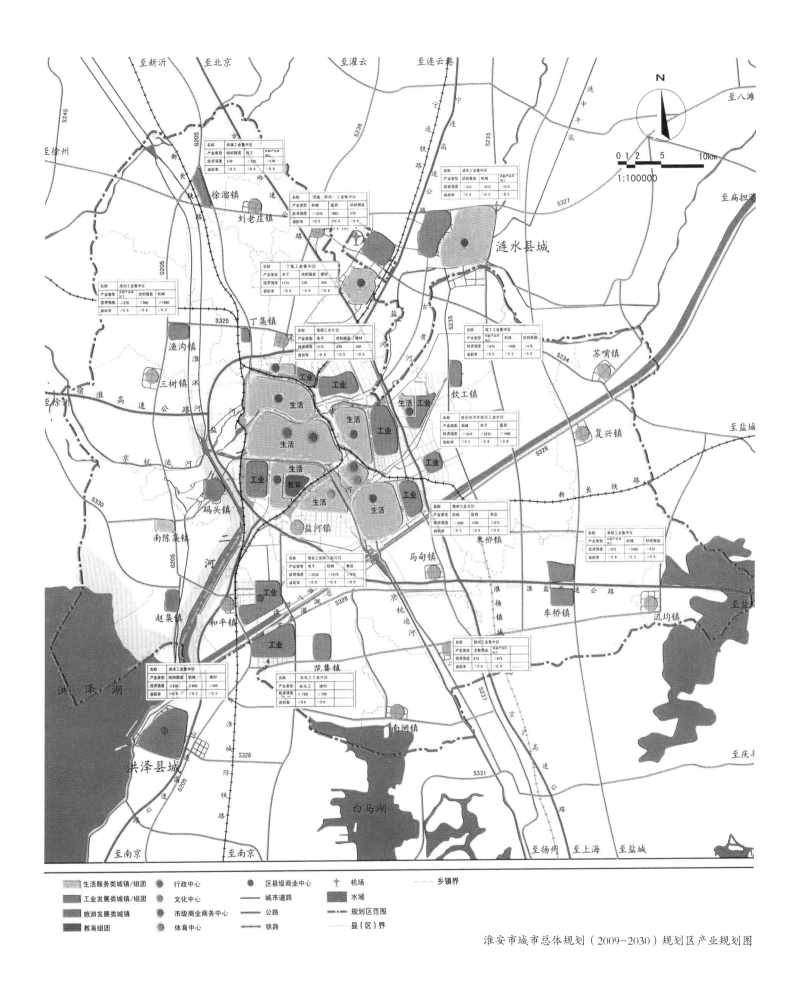

淮安市城市总体规划（2009-2030）规划区产业规划图

241

江苏省淮安软件园

紧扣本埠风情弘扬；加大招商引资力度，开辟庐山路产业配套区，突出发展具有本土特点的文化产业衍生产品加工制造业。第三，与产业特色相衔接。围绕园区重点打造的汽车机械、纺织服装、食品医药、光伏电子、节能环保五大产业，兴建庐山路创意城市社区，吸引大型广告公司、媒体集团、咨询策划和文化中介、文化产品设计机构及其总部，重点发展工业设计、创意产业、信息产业服务、产品研发。

规划园区文化产业基地，将突出文化产业加速集聚的主线，规划建设文化产业孵化器，健全文化产业扶持措施，引进文化专业人才。一是规划文化产业孵化器。沿古盐河规划企业总部集聚基地、产品交易基地、环保传播内容制作中心等文化产业孵化器，通过引进实力企业兴建比较完善的产业配套服务及设施，构筑文化专业人才或小微企业创业基地，加速文化产业项目孵化。二是完善文化产业鼓励政策。逐步建立健全文化产业引进扶持及企业发展激励淘汰政策，吸引具

江苏省淮安软件园鸟瞰图

有创意能力和产业前瞻性，核心产品具有原创性和自主知识产权龙头企业入驻，带动园区品牌建设、专业化发展和产业配套建设。三是积极引进文化产业人才。按照文化产业内在产业链、协同产业链和整合产业链3种形态，积极引进行业具有领先水平的一流人才，以高水平人才推动产业发展。

第十七章　生态新城文化地标

淮安生态新城区地处淮安中心城市的几何中心，占地 29.8 平方公里，未来将建设成为长三角北部的现代服务业中心、淮安中心城区的行政、文化、体育中心、具有水乡特征和生态示范作用的宜居新城。

● 规划为先导，坚持科学经典规划

按照"生态相连、组团相间"特色城市化的要求，始终把经典规划作为新城建设的逻辑起点，全力做好新城规划编制工作。通过国际招标编制的生态新城概念规划，形成了"两轴三片、多核发展、引河织网、城水共生"的新城规划结构；在概念性规划的指导下，组织编制生态新城控制性详细规划。为深化和落实研究成果，生态新城积极与省住建厅和清华大学等科研单位共同搭建技术合作平台，开展包括绿色交通规划、特色空间与色彩规划、"智慧新城"规划等 16 项专项规划。尤其是与清华城市规划设计研究院开展的淮安特色空间与生态新城城市色彩规划研究，确定了生态新城淡雅明快的色彩基调，塑造独具特色的色彩风貌。

生态新城概念性规划

● 倡导生态低碳理念，打造绿色新城

生态新城一直坚持走节约型建设和可持续发展道路，在江苏省住建厅的指导下，组织编制八个低碳专项规划，在能源利用、水资源利用、绿色交通、地下空间、固废综合利用、绿色建筑设计、绿色施工等方面，紧扣创建区实际，将不同学科、不同功能的规划相互融合、相互支撑，形成多系统协同的低碳城市发展策略。

2010 年核心区 10.2 平方公里成为全省首批、苏北唯一的江苏省建设节能与绿色建设示范区；2012 年 4 月 2 日生态新城 3.8 平方公里被国家住建部确定为"绿色建筑示范创建区"；5 月 23 日，在北京第 15 届科博会上，生态新城与清华软件园、东莞松山湖高新技术产业开发区等园区共同被授予"中国自主创新园区先锋奖"，世界级的生态低碳理念正逐步融入到新城的建设中。

● 以功能为主导，狠抓精致建设

通过公开与邀请招标，确定浙江大学、同济大学、上海现代、华南理工、东南大学等国内知名设计院所相继完成了体育中心、淮安四馆、妇儿活动中心、淮安大剧院等项目设计工作，并按照名家设计、大家点评、公众参与的要求，充分吸取社会各界意见，确保单体设计成果"合则和谐美、分则个性秀"。

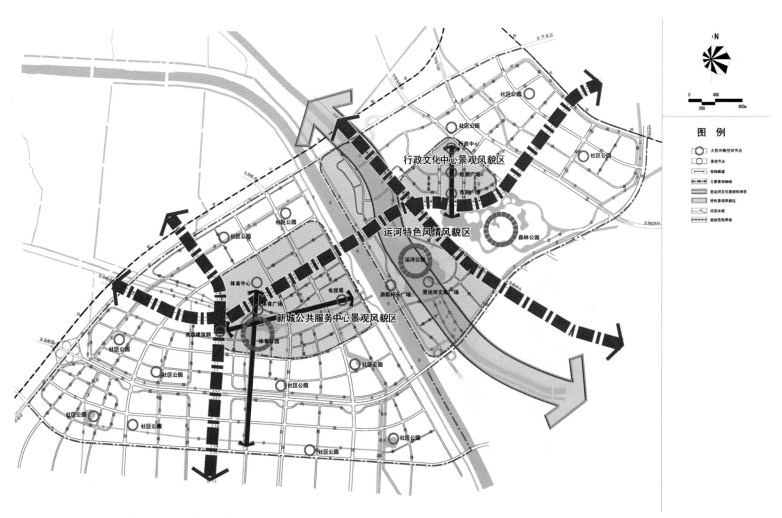

淮安生态新城控制性详细规划空间景观分析图

围绕功能完备的指导方针，不断推进市政配套、生态园林、商务办公、社会事业等项目建设。规划建设了市体育中心、"四馆"、妇儿活动中心、交通服务中心、淮阴中学新城校区、实验小学新城校区、电视发射塔、翔宇大厦等一大批社会事业项目。

● 愿景

一座倡导低碳经济的生态之城；一座促进持续发展的活力之城；一座引领健康生活的宜居之城；一座实现和谐共生的幸福之城。

● 十四项重点工程

1. 四馆（城市规划馆、图书馆、美术馆、文化馆）

总用地面积 43048 平方米，地上建筑面积约 60245 平方米，其中规划馆约 17672 平方米，图书馆约 23797 平方米，文化馆约 9145 平方米，美术馆约 9631 平方米。

淮安市妇女儿童活动中心

2. 妇女儿童活动中心

参照绿色建筑二星级标准设计，总用地面积 39 亩，总建筑面积为 2.2 万平方米。

3. 淮安大剧院

总占地面积约 4.8 万平方米，地上建筑面积约 2.5 万平方米，建筑高度 33.09 米，工程主要为 1236 座乙级剧院及配套服务用房。

市规划馆、图书馆、美术馆、文化馆

淮安大剧院

4. 森林公园

本项目为森林碳汇项目，位于承恩大道以西、枚皋中路以南、翔宇大道以东、乌纱干渠以北，总占地面积为 3000 亩。

5. 高新技术创业中心

总占地面积约为 102 亩，总建筑面积 13.1 万平方米。整个建筑群由科研孵化楼、办公楼和住宅、配套会所等组成。

6. 交通服务中心

本项目建设按照绿色建筑二星标准设计，位于枚皋路以北、明志路以西。总占地面积约 51.1 亩，总建筑面积约 13 万平方米，实施主体为市交通局。

节能设计：建筑场地充分利用庭院、绿化、硬地等自然分割人流和车流，做到闹静分离，突出了办公

森林公园

高新技术创新创业中心

淮阴中学新城校区

建筑的高效、简洁。建筑采用屋面太阳能热水系统，并在裙房做屋面绿化。室内所有设备和照明灯具选用节能型产品。

7. 翔宇大厦

本项目建设按照绿色建筑二星标准设计，位于枚皋路以北、致远路以东。总占地面积约 50 亩，总建筑面积约 8.5 万平方米，实施主体为淮安新城房地产开发有限公司。

节能设计：合理利用地下空间资源，地下建筑面积约 1.6 万平方米。使用绿色照明，室外庭院景观采用 LED 灯。裙房采用屋顶花园，美化办公环境。空调系统采用能效比较高的产品、设备。通风、空调、照明等均采用智能化管理，有利于各系统的高效运营。

8. 绿地广场

项目总用地面积 7.9 万平方米，总建筑面积 16.9 万平方米。由绿地集团实施建设。

节能设计：严格控制建筑立面各朝向窗墙面积比，提高建筑自身保温性能。空调系统采用冰蓄冷系统，响应供电部门削峰填谷的政策号召，实现空调电负荷有效转移，从而达到了节能化运行。照明系统采用智能化控制系统，有效的节约了电能。

9. 扳闸安置小区

本项目位于翔宇大道以西、乌纱干渠以北。工程占地 237.6 亩，总建筑面积 32 万平方米。

节能设计：小区栽植多种类型植物，乔、灌、草结合构成多层次的植物体系。合理规划地表与屋面雨水径流途径，降低地表径流，采用多种渗透措施增加雨水渗透量。统一安装太阳能热水器，公共场所采用节能灯照明。建筑外窗采用塑钢型材，玻璃采用中空玻璃，并采用活动外遮阳，夏季根据太阳高度适当调整外遮阳角度，有效地阻止了热量的进入，大大降低了空调能耗。合理开发地下空间，地下建筑面积 5 万平方米，可停车 672 辆。

10. 体育中心

主体建筑主要为体育场、体育馆、游泳馆、综合训练馆、网球中心、指挥中心等，总用地面积为 43.4 万平方米，总建筑面积 15.8 万平方米。

11. 淮中新城校区

淮阴中学是百年名校，总占地约 229.4 亩。该校区包括 16 轨初中部和 10 轨高中部，设计为花园式学校。

12. 广播电视塔

项目占地面积约 40 亩，总高度约 300 米。主要功能为电视、调频广播信号发射，兼顾旅游观光。

13. 枚皋中路

枚皋中路全长约 9.8 公里，为城市交通主干道，

市体育中心

贯彻生态新城东西的骨架工程。项目的建成，将有利于加强生态新城和淮安区、清浦区和开发区联系，实现生态新城内部交通与外部交通的转换，进一步完善城市路网结构。

14. 京杭运河特大桥

京杭运河大桥位于生态新城东西轴线枚皋中路上，是连接淮安新城东西片区的交通枢纽，以翔宇大道为起点，跨里运河、景观大道、京杭大运河，总长1 348米，桥宽29.5米，总投资约2亿元。项目的建设，不仅能有效改善生态新城的交通环境，促进生态新城的土地开发，同时还有利于"东扩南连、三城融合、五区联动"的城市发展战略的实施。

京夯运河特大桥

编后记：淮安处处是"风景"

CHINA ARCHITECTURAL HERITAGE
中国建筑文化遗产 5

吴良镛院士　王澍教授获奖思辨
Thoughts over Prize-winning Victories of Academician
Wu Liangyong and Professor Wang Shu

文化城市：中国淮安
Cultural City: Huai'an, China

　　江苏淮安是一个令人神往的地方，因为它是京杭运河重地，是吴承恩《西游记》的诞生地，更是周恩来总理的故乡，带着这些朴素的认知，在 2006 年 12 月中下旬，在建设部、国家文物局的支持下，建筑文化考察组曾驱车往返大运河，专门造访过运河之城淮安这片热土。然而真正走进淮安，真正开始品读淮安，还是 2012 年春天的事。

　　《中国建筑文化遗产》是国家文化主管部门支持，靠中国文物学会、中国建筑学会两大权威机构的百余位专家加盟创办的以传承建筑文化遗产、创新城市文化为己任的高水准学术平台。它旨在发现并挖掘中国城市沃土中的文化现象，承担中国建筑文化传承与创新之路的使命。有感于中共淮安市委书记刘永忠的一次次教诲，有感于淮安市唐道伦副市长的慎密和具体的指导，有感于淮安政协副主席、著名文史专家荀德麟对书稿的审读，更得益于市规划局、市文化广电新闻出版局、市文管会等数十个单位领导、专家们的点拨，经我们近九个月的努力，于 2012 年 4 月末先推出具有中国建筑文化遗产专业价值的"文化淮安"专辑（刊于《中国建筑文化遗产》总第五辑），该专辑提供了国内第一个从"文化城市"视角认知城市化发展之路的范例。该专辑的出版已在文博界、建筑界、城市界引起反响，2011–2012 年版《中国城市规划研究年度报告》将"文化城市"的建设与传播提上议程。

　　《中国·文化淮安》一书是我们解读淮安的重点项目。在实践中我们悟到从文化视角看淮安是一次有意义的尝试，因为它不仅根植于淮安丰富的文化历史积淀，更源自当代淮安人文化自信及"文化强市"理念下对持续发展的不懈追求与创造。2012 年 5 月 4 日《中国建筑文化遗产》杂志社《中国·文化淮安》一书的编制团队一行，在中共淮安市委采访了刘永忠书记，刘书记特别强调淮安有着不平凡的过去，更有着辉煌的未来。当前，淮安正处于一个新的大发展阶段，它像一只展翅奋飞的雄鹰，冲天而起。在新的历史发展进程中，淮安市将进一步在当代理念下弘扬优秀的传统文化，即以周恩来精神为代表的亲民文化，以运河文化为代表的创业文化，以《西游记》为代表的创新文化，努力做大"知淮圈、来淮圈、建淮圈"，早日把淮安建成受人尊敬、令人向往的富庶美丽之地。

　　针对刘永忠书记对《中国·文化淮安》一书的精准定位，我们认为面对淮安不息的运河文化长廊，面对淮安富于想象力的文化城市建设，作为专业化传播出版机构，要在学习并领悟淮安悠久历史文化的基础上，将当代淮安文化凝炼成"亲民文化、开放文化、创新文化"三大主旋律文化，更好地归纳与总结，用更丰厚、更直观的出版形式，有针对性地宣传好淮安城市建设的持续发展的大思路。编撰《中国·文化淮安》一书让我们还感到，创新对城市发展而言是指要用文化的态度经营城市文化，不仅要总结淮安从"功能城市"向"文化城市"的转变之径，更要用创造性思维为淮安广袤大地书写出更多的刚健；在把握文化淮安现实与未来建设的规划中统筹好国内外各种资源；继承弘扬中华优秀文化，吸收借鉴世界文明有益成果，靠创新之思使"文化强市"的现代化发展充分展现出来。文化的历史延续和基因传承，在一个城市的发展中有着特别重大的意义。文化既是城市功能的最高价值，也是城市功能的最好体现。可以设想昔日熟悉的城市如果难寻了过去的文化或遗产类"地标"，市民一旦失去了城市年轮的集体记忆，那将是怎样的一种状况。

在《中国·文化淮安》一书即将出版之际，我们尤其要感谢中共淮安市委书记刘永忠百忙中为该书作序，感谢在唐道伦副市长，荀德麟副主席指导下，淮安各委办局数以百计领导与专家的鼎力支持，同时《中国建筑文化遗产》杂志社也要感谢为《中国·文化淮安》贡献心智与文稿、图片的，来自不同高校、研究机构的专家团队，他们不仅多次冒酷暑奔赴淮安调研并采集资料，同样贡献了优秀的编辑文稿，其中清华大学建筑学院贾珺教授的淮安"丰"字说即是对文化淮安在文化地理学意义上的贡献点。以建筑摄影师陈鹤为主的摄影团队，不仅一次次克服天气条件不佳的困难，提升建筑摄影的成果水平，还翻阅大量资料力求使摄影作品更好地服务于本书的文化品位。这里我要代表执行编辑部，感谢参加本书主要撰稿及分工的执笔人，他们在各篇章的分工如下：

绪论——殷力欣、贾珺、金磊

上篇——第一章至第五章：贾珺、殷力欣、刘江峰

中篇——第六章至第十三章：李沉、金磊、潘琳、韩振平、李华东、赵敏、丘小雪、冯娴、刘晓姗、郭颖、王燕嵩、陈鹤、安毅

下篇——第十四章至第十七章：金磊、李沉、刘若梅、王宝林、苗淼、刘洋、何蕊

我们还要特别鸣谢淮安方面的每一位为该书出版，无私奉献提供第一手文献资料的专家与朋友们。我以为文化大发展给有着悠久历史的淮安市注入蓬勃生机，文化大繁荣给淮安城市化建设提供创新的广阔空间，文化创意的力量更让淮安经济找到了发展的"快车"。《中国建筑文化遗产》杂志社全体同人为有机会承担《中国·文化淮安》"城市礼品书"的编制而荣幸，我们深知如果《中国·文化淮安》一书的出版能使这千年书香、文人学士的故里再引八方乐奏及文化新蝶变，首先得益于淮安这座历史名城的魅力；如果《中国·文化淮安》一书的传播丰实了淮安的当代文化内涵，提振了淮安文化新理念，那更得益于淮安市委市政府多年来营造的文化氛围及铺陈的万千文化之路。在此，我们谨向淮安人民表示敬意，感谢他们为这片热土留下的闻名遐迩的辉煌历史。

如果说《中国·文化淮安》在采编及创作过程中还有不妥之处，我们将认真听取各界读者朋友们的意见，以便在未来的再版中修订。

金　磊

《中国建筑文化遗产》总编辑

2012 年 9 月

图书在版编目（CIP）数据

中国·文化淮安 /《中国·文化淮安》编委会主编 . —天津：天津大学出版社，2012.10
ISBN 978-7-5618-4486-1

Ⅰ.①中… Ⅱ.①中… ②淮… Ⅲ.①文化史—淮安市Ⅳ.① K295.33

中国版本图书馆 CIP 数据核字（2012）第 223859 号

策划编辑 金 磊 韩振平
责任编辑 韩振平 郭 颖
装帧设计 安 毅

出版发行 天津大学出版社
出 版 人 杨 欢
地　　址 天津市卫津路 92 号天津大学内（邮编：300072）
电　　话 发行部：022-27403647
网　　址 publish.tju.edu.cn
印　　刷 北京雅昌彩色印刷有限公司
经　　销 全国各地新华书店
开　　本 235mm×285mm
印　　张 16
字　　数 448 千
版　　次 2012 年 10 月第 1 版
印　　次 2012 年 10 月第 1 次
定　　价 218.00 元